普通高校新形态一体化教材

画法几何与机械制图习题集
（第5版）

主编 殷 振 刘永田

北京航空航天大学出版社

内 容 简 介

本习题集与山东建筑大学李坤等主编的《画法几何与机械制图(第5版)》(ISBN 978-7-5124-3839-2)配套,对应章节内容的习题供读者练习。本习题集的内容主要有制图基本知识与技能练习、投影与视图、点线面投影、投影变换、直线平面的相互关系练习、基本体、切割体、相交立体的视图练习、轴测图练习、组合体读图与画图练习、机件的表示法、常用机件和常用结构要素表示法的画图与读图练习、零件图、装配图的读图与画图练习等。选择习题的指导思想是突出对投影基础和表示能力的培养与训练。本习题集的读读、想想、找找、写写、画画等内容非常有助于学生自学,有利于学生空间想象和思维能力的培养。

本习题集按我国新修订或新制定的制图国家标准作了修订和更新,适用于高等工科院校机械类、近机械类以及各相关专业"画法几何""机械制图"等课程教学。本书配有习题答案供任课教师参考,有需要者可发邮件至 goodtextbook@126.com 申请索取。

图书在版编目(CIP)数据

画法几何与机械制图习题集 / 殷振,刘永田主编
. -- 5版. -- 北京：北京航空航天大学出版社,2022.8
ISBN 978-7-5124-3841-5

Ⅰ. ①画… Ⅱ. ①殷… ②刘… Ⅲ. ①画法几何-高等学校-习题集②机械制图-高等学校-习题集 Ⅳ.
①TH126-44

中国版本图书馆 CIP 数据核字(2022)第 117131 号

版权所有,侵权必究。

画法几何与机械制图习题集(第5版)
主 编 殷 振 刘永田
策划编辑 董 瑞 责任编辑 董 瑞

*

北京航空航天大学出版社出版发行

北京市海淀区学院路37号(邮编100191)　http://www.buaapress.com.cn
发行部电话:(010)82317024　传真:(010)82328026
读者信箱: goodtextbook@126.com　邮购电话:(010)82316936
天津画中画印刷有限公司印装　各地书店经销

*

开本:787×1 092　1/16　印张:9.75　字数:253千字
2022年8月第5版　2022年8月第1次印刷　印数:2 000册
ISBN 978-7-5124-3841-5　定价:30.00元

若本书有倒页、脱页、缺页等印装质量问题,请与本社发行部联系调换。联系电话:(010)82317024

前　言

本习题集以"画法几何"和"机械制图"课程教学的基本要求为依据，围绕相关专业对学生制图能力的需求，在第4版的基础上修订而成，适用于机械类、近机械类与相关专业的教学，与山东建筑大学李坤等主编的《画法几何与机械制图（第5版）》(ISBN 978-7-5124-3839-2)配套使用。习题集的修订贯彻了我国新颁布和现行的《技术制图》和《机械制图》国家标准，在内容编排上本着强化基础、注重实践、提高空间思维能力和综合素质的原则，突出综合性、独立性和系统性。各章均以基础题为主，辅以少量的综合题，其选题的指导思想是突出对投影基础和表示能力的培养与训练，力求做到：读画结合，加强实践，由浅入深，循序渐进。

读读、想想、找找、写写、画画又是本习题集的一大特点，非常有助于学生自学，力求培养学生的主观能动性。习题集按我国新修订或新制定的制图国家标准作了修订和更新，凝聚了编者大量教学辅导经验，编者对题目进行了多元化思路设计，编入并修订了一定数量有助于理解、消化、巩固基础知识的习题。同时，本着"既注重读图，又不忽视画图"的编写主线，着力运用直观图或轴测图等手段揭示由物到图和由图到物的转化关系的内在规律，使学生掌握画图和读图的技能。

本习题集由山东建筑大学殷振、刘永田主编。在修订过程中，编者得到了山东建筑大学的张莹、金乐、李坤、薛岩、徐楠的大力支持，山东大学的张慧教授审读本书并提出了很多意见和建议，在此表示感谢。

欢迎使用本习题集的广大读者提出宝贵意见。

编　者

2022 年 5 月

目 录

- 第 1 章　制图基本知识和技能 …………………… 1
  - 1.1　字体练习 ……………………………………… 1
  - 1.2　线型、尺寸和比例 …………………………… 6
  - 1.3　几何作图 ……………………………………… 8
  - 1.4　平面图形 ……………………………………… 11
- 第 2 章　投影法与三视图 ………………………… 13
  - 2.1　读读,想想,写写 ……………………………… 13
  - 2.2　物体的三视图 ………………………………… 16
- 第 3 章　点、直线、平面的投影 ………………… 18
  - 3.1　点的投影 ……………………………………… 18
  - 3.2　直线的投影 …………………………………… 20
  - 3.3　两直线的相对位置 …………………………… 23
  - 3.4　平面的投影 …………………………………… 27
  - 3.5　点、直线和平面的综合题 …………………… 32
- 第 4 章　投影变换 ………………………………… 34
- 第 5 章　直线、平面的相互关系 ………………… 39
  - 5.1　平行关系 ……………………………………… 39
  - 5.2　相交关系 ……………………………………… 40
  - 5.3　垂直关系 ……………………………………… 43
  - 5.4　直线、平面的相互关系综合题 ……………… 45
- 第 6 章　基本体的视图 …………………………… 50
  - 6.1　读读,想想,写写,画画 ………………………… 50
  - 6.2　基本体的视图 ………………………………… 52
- 第 7 章　切割体的视图 …………………………… 55
  - 7.1　平面切割体 …………………………………… 55
  - 7.2　读读,想想,画画 ……………………………… 57
  - 7.3　曲面切割体 …………………………………… 59
- 第 8 章　相交立体的视图 ………………………… 64
  - 8.1　两平面体相交 ………………………………… 64
  - 8.2　平面体与曲面体相交 ………………………… 65
  - 8.3　两曲面立体相交 ……………………………… 67
  - 8.4　综合相交 ……………………………………… 70
  - 8.5　相贯线的模糊画法 …………………………… 72
- 第 9 章　轴测图 …………………………………… 73
  - 9.1　画轴测图 ……………………………………… 73
  - 9.2　切割体的轴测图 ……………………………… 76
  - 9.3　相贯体的轴测图 ……………………………… 77
  - 9.4　徒手画轴测图 ………………………………… 78
- 第 10 章　组合体 …………………………………… 79
  - 10.1　画组合体的三视图 ………………………… 79
  - 10.2　读读,想想,写写,画画 ……………………… 82

    10.3 组合体的尺寸标注 ………………………… 86
    10.4 补漏线 …………………………………… 88
    10.5 补画第三视图 …………………………… 91
    10.6 组合体的轴测图 ………………………… 94

第 11 章　机件的表示法 ……………………… 96
    11.1 视　图 …………………………………… 96
    11.2 剖视图 …………………………………… 100
    11.3 读读,想想,找找,写写 ………………… 111
    11.4 断面图及其他表示法 …………………… 115
    11.5 表示法综合应用 ………………………… 117
    11.6 画轴测剖视图 …………………………… 120

第 12 章　常用机件与常用结构要素的特殊表示法
    ……………………………………………… 121
    12.1 螺　纹 …………………………………… 121
    12.2 螺纹紧固件 ……………………………… 123
    12.3 齿　轮 …………………………………… 125
    12.4 键及联结 ………………………………… 127
    12.5 销、滚动轴承、弹簧 …………………… 128

第 13 章　零件图 ……………………………… 129
    13.1 图样上的技术要求及标注 ……………… 129
    13.2 根据轴测图画零件图 …………………… 133
    13.3 读零件图 ………………………………… 136

第 14 章　装配图 ……………………………… 146
    14.1 画装配图 ………………………………… 146
    14.2 读装配图,拆画零件图 ………………… 149

第1章　制图基本知识和技能

1.1 字体练习（一）

1-1 字体练习（要求用H或HB铅笔书写）。

写长仿宋字要做到字体端正

笔划清楚排列整齐间隔均匀

要领横平竖直注意起落结构匀称填满方格

1234567890ABC
DEFGHIJKLMNOP
QRSTUVWXYZ

abcdefghijklmnpqrst

1234567890RM234790RM

班级_____ 姓名_____ 学号_____

字体练习（二）

续1-1 字体练习（要求用H或HB铅笔书写）。

写长仿宋字要做到字体端正

笔划清楚排列整齐间隔均匀

要领横平竖直注意起落结构匀称填满方格

1234567890ABC

DEFGHIJKLMNOP

QRSTUVWXYZ

abcdefghijklmnpqrst

1234567890ⅠⅡⅢⅣⅤⅥⅦⅧⅨⅩ

字体练习（三）

续1-1 字体练习（要求用H或HB铅笔书写）。

写长仿宋字要做到字体端正

笔划清楚排列整齐间隔均匀

要领横平竖直注意起落结构匀称填满方格

1234567890ABC

DEFGHIJKLMNOP

QRSTUVWXYZ

abcdefghijklmnpqrst

1234567890RM234790RM

字体练习（四）

续1-1 字体练习（要求用H或HB铅笔书写）。

写长仿宋字要做到字体端正

笔划清楚排列整齐间隔均匀

要领横平竖直注意起落结构匀称填满方格

1234567890ABC

DEFGHIJKLMNOP

QRSTUVWXYZ

abcdefghijklmnpqrst

1234567890RM234790RM

字体练习（五）

续1-1 字体练习（要求用H或HB铅笔书写）。

写长仿宋字要做到字体端正

笔划清楚排列整齐间隔均匀

要领横平竖直注意起落结构匀称填满方格

1234567890ABC

DEFGHIJKLMNOP

QRSTUVWXYZ

abcdefghijklmnpqrst

1234567890RM234790RM

1.2 线型、尺寸和比例（一）

1-2 按1:1的比例抄画下列图形，并标注尺寸。

1-3 分析尺寸标注的错误与不妥，并写出原因。

（1）共7处错误与不妥

（2）共6处错误与不妥

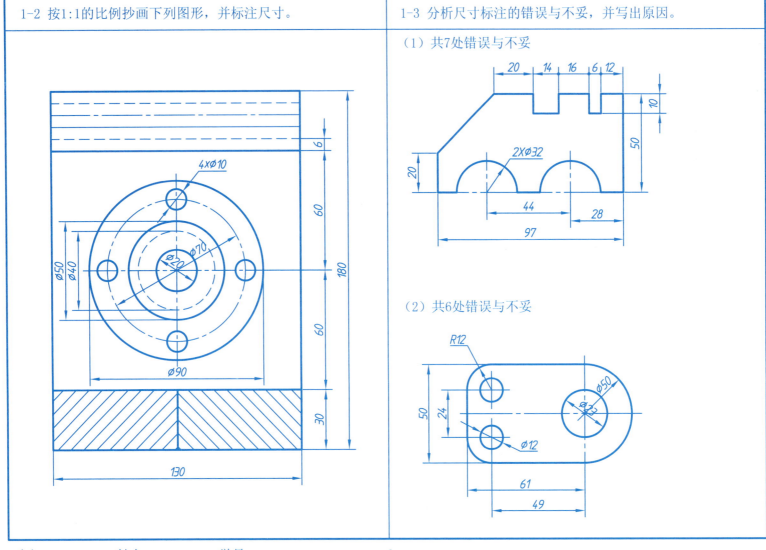

线型、尺寸和比例（二）

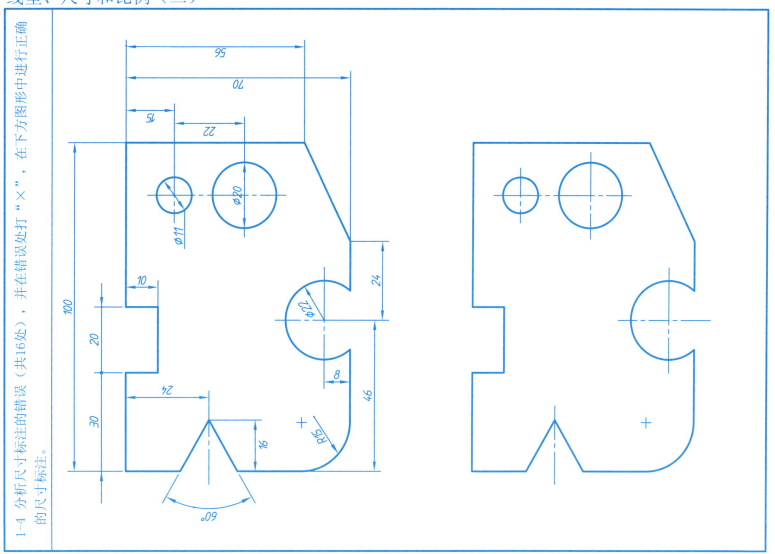

1-4 分析尺寸标注的错误（共16处），并在错误处打"×"，在下方图形中进行正确的尺寸标注。

1.3 几何作图（一）

1-5 用一副三角板作正多边形和等分圆周（保留作图过程）。

（1）作一个正六边形，使其对角距为52mm，并将顶点画在水平中心线上。

（2）作一个直径为50mm的圆，并将该圆进行24等分。

（3）作一个正六边形，使其对边距为44mm，并将两个顶点画在垂直中心线上。

（4）作一个等边三角形，其高为45mm。

班级_____ 姓名_____ 学号_____

几何作图（二）

1-6 参照上方图形按1:1的比例在下方画出图形（保留作图过程），并标注尺寸、锥度和斜度。

（1）钩头楔键

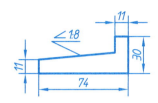

（2）顶 针

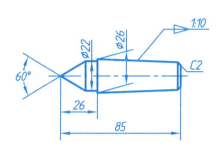

几何作图（三）

1-7 参照上方图形按1:1的比例在下方画出图形，并标注尺寸和斜度。

（1）槽　钢

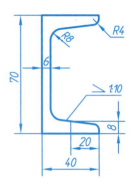

（2）开槽六角螺母（注：图中M表示普通螺纹，见教材第12章）

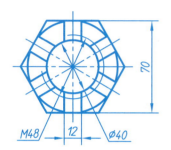

1.4 平面图形（一）

1-8 按上方小图完成下方图形（按1:1的比例绘制），保留作图线（切点及圆心）。

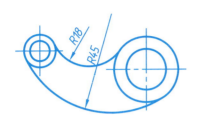

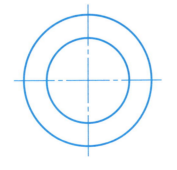

1-9 对拖钩的图形进行尺寸、线段分析和填空，并按1:1的比例在A4图幅上画出图形并标注尺寸。

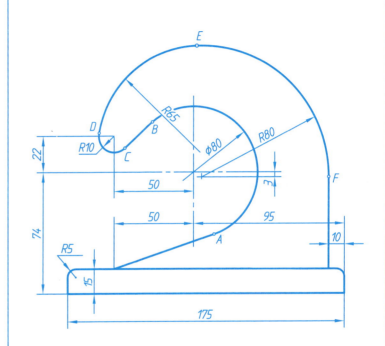

AB 为____线段　　BC 为____线段　　CD 为____线段

DE 为____线段　　EF 为____线段

平面图形（二）

1-10 已知椭圆的长轴为60mm，短轴为40mm，用近似四心法画出椭圆。

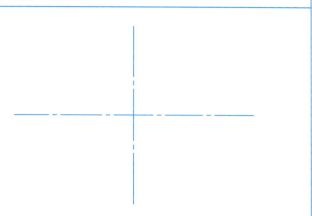

1-11 根据给定尺寸，按1:1的比例画出下列图形，并标注尺寸。

（1）外卡钳

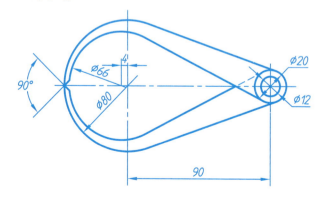

续1-11 根据给定尺寸，按1:1的比例画出下列图形，并标注尺寸。

（2）铣　刀

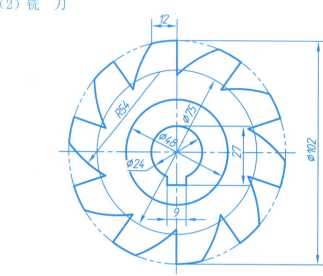

（3）插扳手

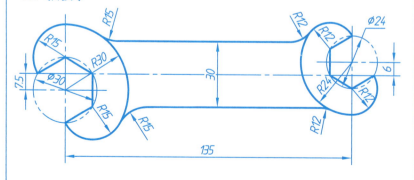

第2章 投影法与三视图

2.1 读读,想想,写写(一)

2-1 物体的三视图是怎样形成的,它们之间的关系如何,你搞清楚了吗?——读一读、想一想。

视图的名称及其投影方向

主视图是由____向____投影所得到的视图;

俯视图是由____向____投影所得到的视图;

左视图是由____向____投影所得到的视图。

物体的三视图之间的"三等"关系

主、俯视图_____;

主、左视图_____;

左、俯视图_____。

无论物体的整体还是局部都必须

符合_____规律。

视图与物体的尺寸和方位关系

主视图不反映物体的____尺寸和____方位;

俯视图不反映物体的____尺寸和____方位;

左视图不反映物体的____尺寸和____方位。

班级_____ 姓名_____ 学号_____

读读，想想，写写（二）

2-2 根据物体的三视图找出对应的轴测图，在圆圈内填上相应的数字。

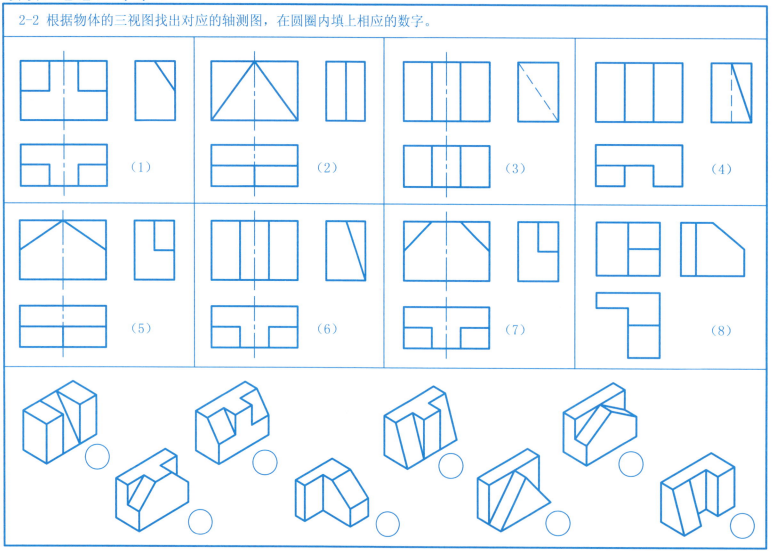

读读，想想，写写（三）

续2-2 根据物体的三视图找出对应的轴测图，在圆圈内填上相应的数字。

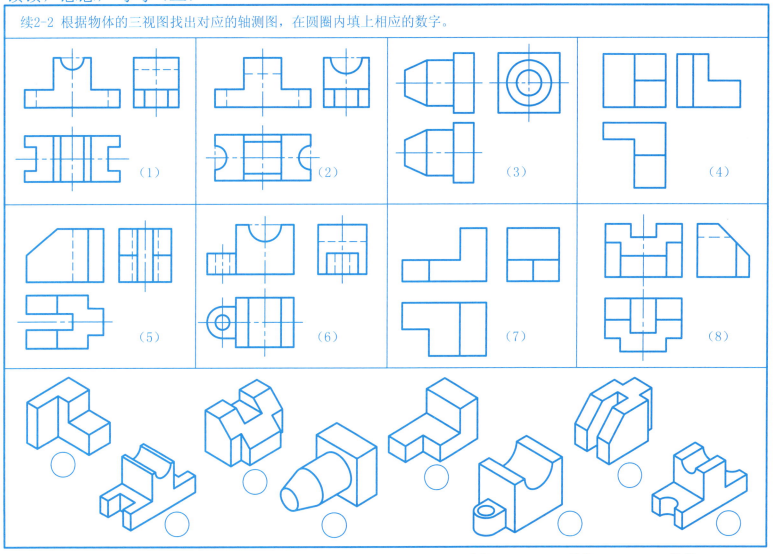

2.2 物体的三视图（一）

2-3 根据物体的两面视图，画出其第三面视图，并填空。

(1) 俯、主视图应保持_____
    俯、左视图应保证_____

(2) 左、主视图应保持_____
    左、俯视图应保证_____

(3)

(4)

班级_____ 姓名_____ 学号_____ 16

物体的三视图（二）

2-4 根据物体的轴测图上所标注的尺寸，按1:1的比例在下方画出其三视图，或按2:1的比例画在A3图幅上。

（1）
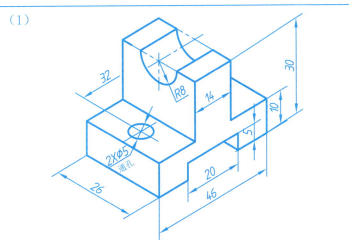

（2）
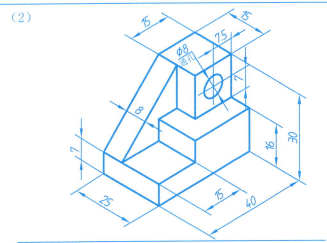

3.1 点的投影（一）

第3章 点、直线、平面的投影

3-1 已知点的两面投影，求作第三面投影。

(1)
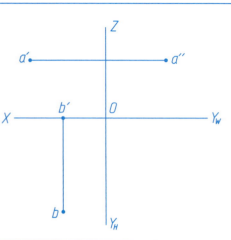

(2)
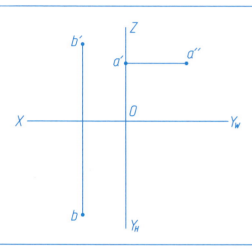

3-2 已知点 A（20，20，15）和 B（5，15，0），画出各点三面投影，并判断两点的相对位置。

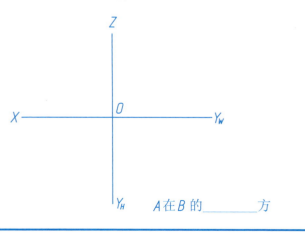

A在B的_____方

3-3 已知a′及Y_A=10mm，点B在点A的正前方12mm，点C在点A的正右方W面上，求作A、B、C三点的投影图（注意重影点的标注）。

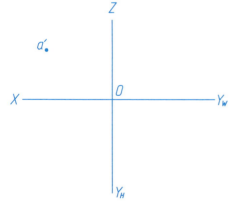

点的投影（二）

3-4 根据直观图量出 A、B、C 和 D 四点距投影面的距离（单位 mm，不注写）填入表中，并画出各点的三面投影。

	距 H 面	距 V 面	距 W 面
A			
B			
C			
D			

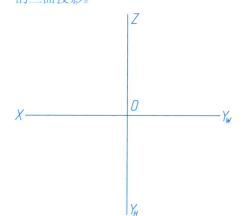
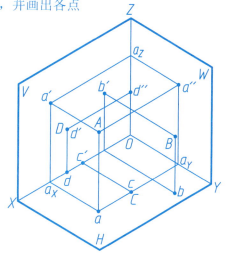

3-5 已知点的一个投影，并知点 A 距 V 面 22mm，点 B 距 H 面 15mm，点 C 距 W 面 20mm，点 D 在 H 面上，求作各点的其余两面投影。

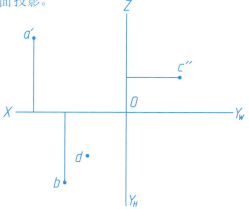

3-6 已知点 A 的投影和点 B 在点 A 左方 10mm、前方 5mm、上方 10mm；点 C 在点 A 的右方 5mm、前方 10mm、下方 5mm，画出 B、C 两点的三面投影图，并写出其两点的坐标值。

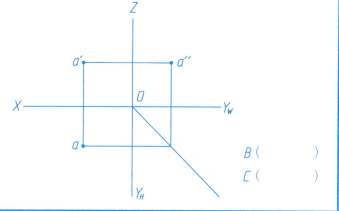

B(　　　)

C(　　　)

3.2 直线的投影（一）

3-7 求作直线的第三面投影，标出反映直线对投影面的倾角 α、β、γ，并判断各条直线是什么位置的直线。

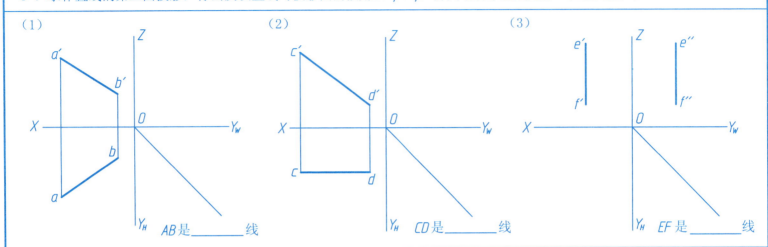

(1) AB 是_____线

(2) CD 是_____线

(3) EF 是_____线

3-8 已知水平线 AB 在 H 面上方 15mm，求作它的其余两面投影，并在直线上取一点 K，使 AK=15mm。

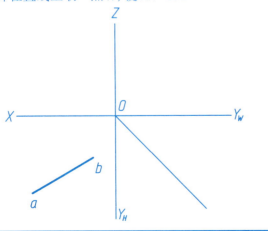

3-9 求作线段 CD 的侧面投影，并在该线段上取一点 K，使 CK=18mm。

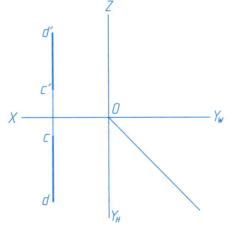

直线的投影（二）

3-10 已知正平线 AB 与 H 面的倾角为 30°，点 B 在 H 面上，求作 AB 的三面投影，问有几个答案？请画出全部答案。

3-11 已知 EF 为一铅垂线，它到 V 面和 W 面的距离相等，求作其另外两面投影。

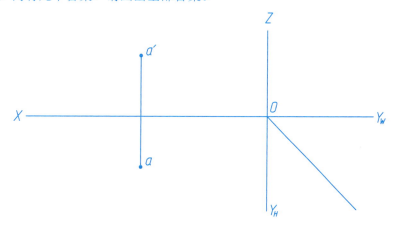

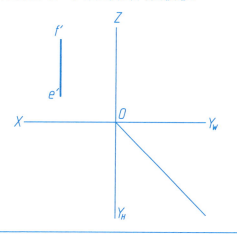

3-12 在直线 AB 上求一点 C，使点 C 与 V、H 面等距。

3-13 参照物体的轴测图，分析三视图中所标出的各条线段相对投影面的位置，并填空。

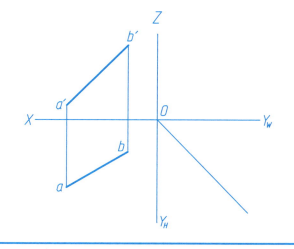

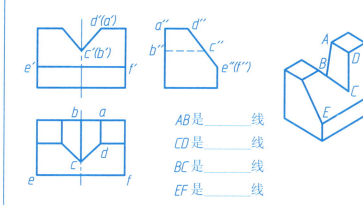

AB 是 _____ 线

CD 是 _____ 线

BC 是 _____ 线

EF 是 _____ 线

直线的投影（三）

3-14 求各线段的实长，并求出线段 AB 对 H 面的倾角 α，线段 CD 对 V 面的倾角 β 和线段 EF 对 W 面的倾角 γ。

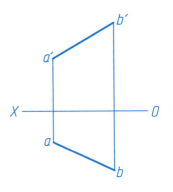 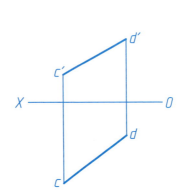 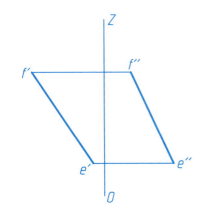

3-15 已知直线 AB 的投影 ab 及 a′，倾角 β=30°，完成直线 AB 的三面投影。本题有几个解？

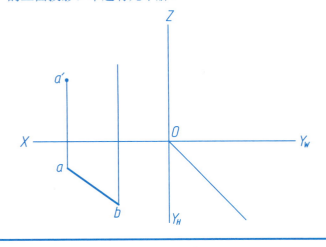

3-16 已知△ABC，求∠BAC 的角平分线 AD 的两面投影。

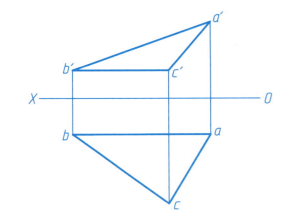

3.3 两直线的相对位置（一）

3-17 判断两直线的相对位置。

(1)　　　　　(2)　　　　　(3)　　　　　(4)

(　　)　　　(　　)　　　(　　)　　　(　　)

(5)　　　　　(6)　　　　　(7)　　　　　(8)

(　　)　　　(　　)　　　(　　)　　　(　　)

两直线的相对位置（二）

续3-17 判断两直线的相对位置。

(9) (10)

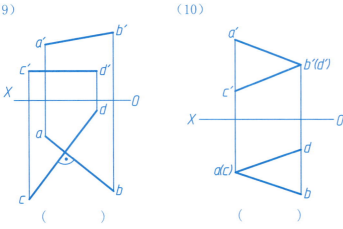

3-18 标出重影点的两面投影。

(1) (2)

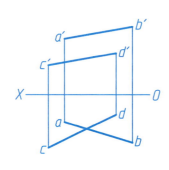
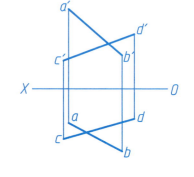

3-19 过点 A 作直线 AB，使其平行于直线 DE，作直线 AC，使其相交于直线 DE，交点距 H 面为 20mm。

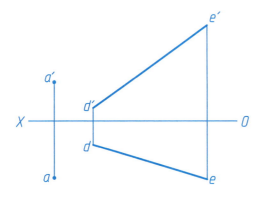

3-20 过已知点 K 作一正平线 KC，并与已知直线 AB 相交于点 C。

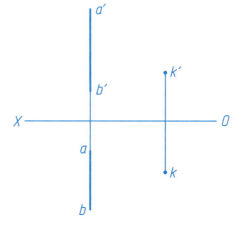

两直线的相对位置（三）

3-21 过点 E 作直线 EF，使其与交叉两直线 AB、CD 都相交。

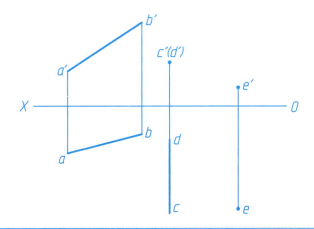

3-22 作一直线 MN 与已知直线 AB、CD 都垂直相交。

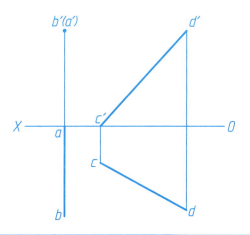

3-23 已知侧平线 CD 与 AB 相交，且 $Y_D > Y_C$，倾角 α=60°，完成直线 CD 的三面投影。

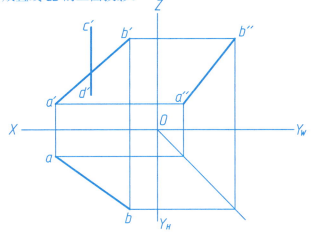

3-24 已知等腰△ABC 的底边 AC 为正平线，完成正面投影。

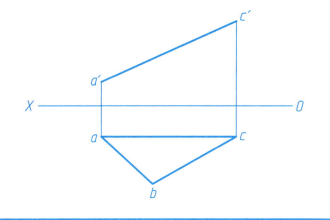

两直线的相对位置（四）

3-25 作直线 MN∥CD，并与直线 AB、EF 都相交。

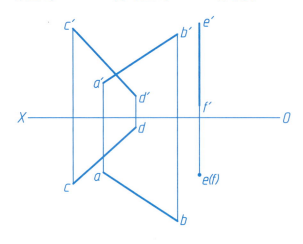

3-26 以正平线 AB 为一直角边，A 为顶点，作等腰直角△ABC，并使点 C 在 V 面上。有几个答案？

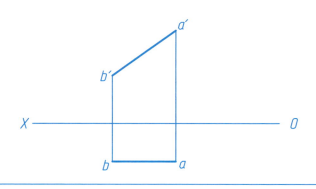

3-27 在 CD 直线上求作一点 M，使其到 A、B 两点等距离。

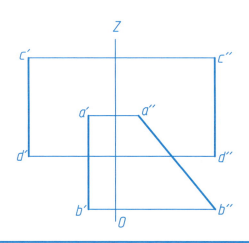

3-28 求出点 M 到直线 AB 的距离 MN 的实长及其三面投影。

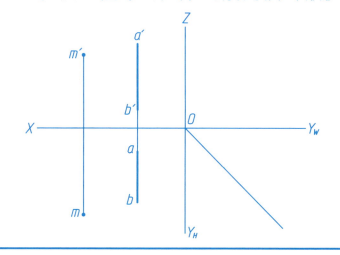

班级_____ 姓名_____ 学号_____

3.4 平面的投影（一）

3-29 根据平面图形的两面投影，求作其第三面投影，并判断各个平面是什么位置的平面。

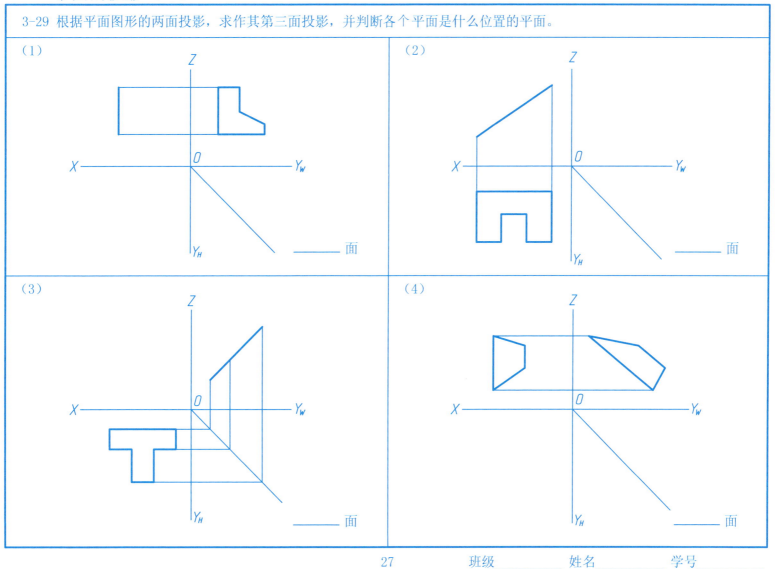

平面的投影（二）

3-30 以 AB 为一边作平面的三面投影图。

（1）作等边 △ABC 为水平面；

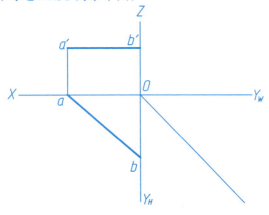

（2）作正方形 ABCD 为铅垂面。

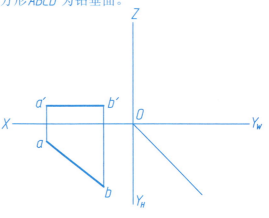

3-31 过点 C 作平行于 V 面的正方形 ABCD 的三面投影，其边长为 20mm，对角线 AC 垂直于 H 面。

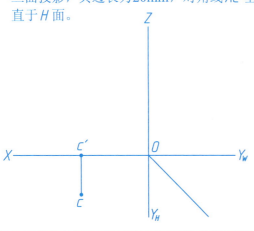

3-32 根据立体的两面投影图，画出其第三面投影图，分析判断各平面的空间位置，并填空。

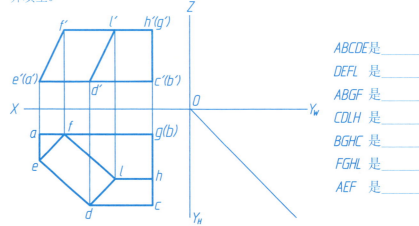

ABCDE 是 _____ 面

DEFL 是 _____ 面

ABGF 是 _____ 面

CDLH 是 _____ 面

BGHC 是 _____ 面

FGHL 是 _____ 面

AEF 是 _____ 面

平面的投影（三）

3-33 完成五边形 ABCDE 的正面投影。

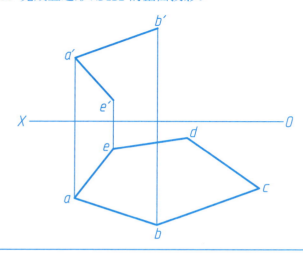

3-34 已知 AB 为侧平线，求作五边形 ABCDE 的正面投影。

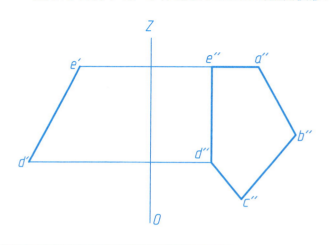

3-35 已知平面 ABCD 的 AB 边平行于 V 面，补全水平投影。

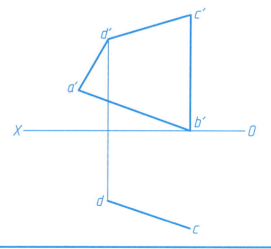

3-36 已知四边形 ABCD 上有一字母 K 的正面投影，求字母 K 的水平投影。（注意类似形的特点）

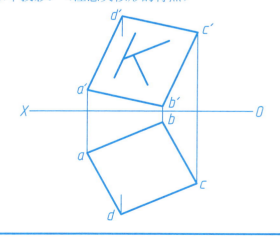

平面的投影（四）

3-37 已知平面梯形 ABCD 的正面投影，该平面位于 V、H 面夹角的平分面内，求此梯形的另外两面投影。

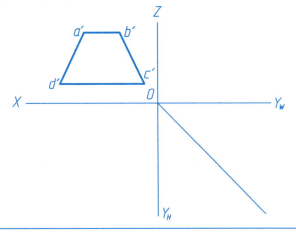

3-38 在△ABC 内作高于点 A 为 10mm 的水平线；并在三角形内取一点 K，使点 K 到 V 和 H 面距离都为 15mm。

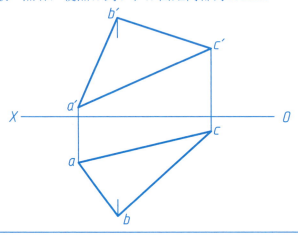

3-39 判断点 K 是否在△ABC 上；已知直线 EF 在△ABC 上，求直线的水平投影。

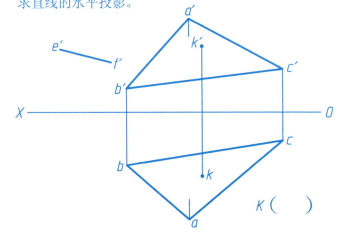

K（　）

3-40 判断点 K 是否在相交两直线所确定的平面内。

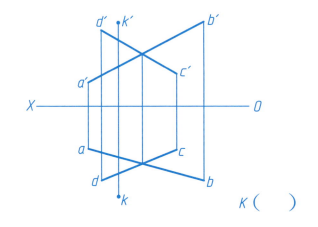

K（　）

平面的投影（五）

3-41 已知△GEF 与 AB、CD 在同一平面内，求作三角形的水平投影。

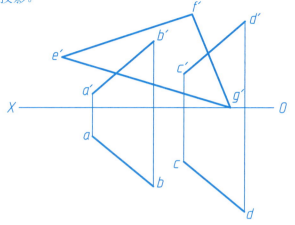

3-42 求相交两直线 AB 和 AC 所确定的平面对 H 面的倾角α。

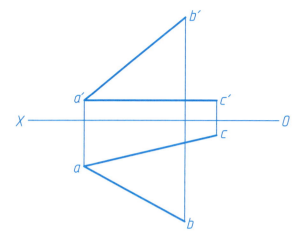

3-43 求平面△ABC 对 V 面的倾角β。

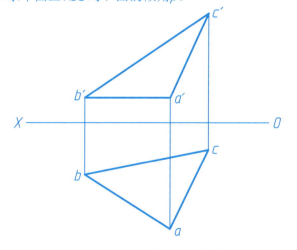

3-44 已知△ABC 对 V 面的倾角β=30°，BC 边平行于 V 面，试完成其水平投影。有几个答案？

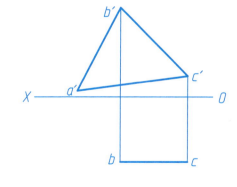

3.5 点、直线和平面的综合题（一）

3-45 已知水平线 AK 是等腰△ABC 的高，点 B 在 V 面的前方 5mm，点 C 在 H 面内，求作△ABC 的两面投影。

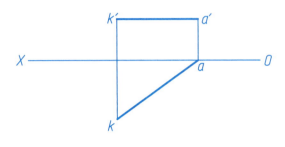

3-46 已知正方形 ABCD 的一边在 MN 上，求作其两面投影。

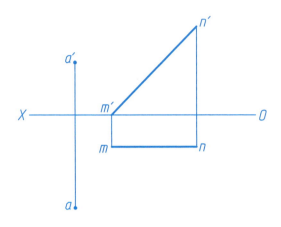

3-47 已知正方形 ABCD 的边 BC 是水平线及边 AB 的水平投影 ab，完成正方形的两面投影。

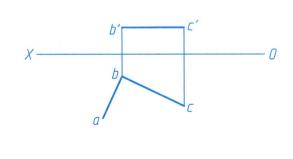

3-48 已知直角△GEF 的角点 G 在 AB 直线上，直角边 EF 在 CD 直线上，∠GEF=90°，试完成三角形的两面投影。

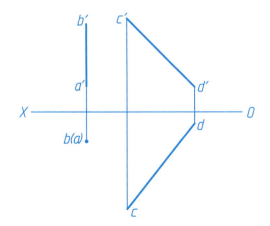

点、直线和平面的综合题（二）

3-49 已知正平线 AC 是正方形 ABCD 的对角线，顶点 B 距 V 面为 15mm，求作正方形的两面投影。有几个答案？

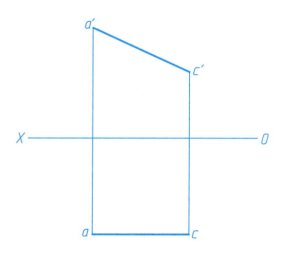

3-50 已知正平线 BC 是等腰△ABC 的底边，三角形的高与 BC 边等长，且与 H 面的倾角 α=60°，求作该三角形的两面投影。有几个答案？

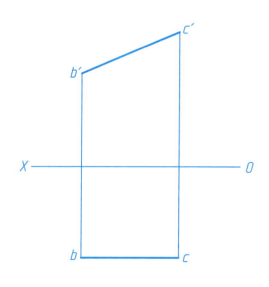

换面法（一）

第4章　投影变换

4-1 求出点 A 和点 B 在新体系 H/V_1 中的投影。

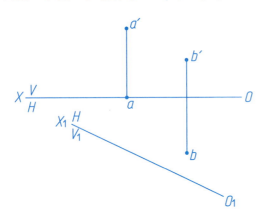

4-2 已知直线 AB 的实长为25mm，求作 AB 对 H、V 面的倾角 α、β。

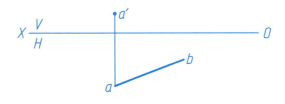

4-3 过点 C 作直线 CD 与 AB 正交。

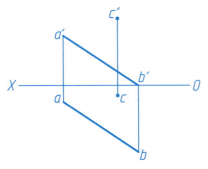

4-4 已知∠ABC =90°，求作 ab。

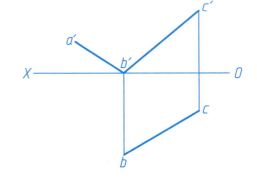

换面法（二）

4-5 已知两直线AB//CD，且相距15mm，求作c'd'。

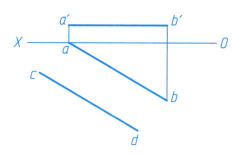

4-7 在交叉两直线AB、CD上分别取K、L点，使KL垂直于CD，且等于10mm。

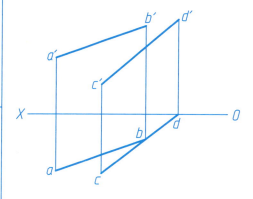

4-6 求交叉两直线AB和CD间公垂线的实长及两面投影。

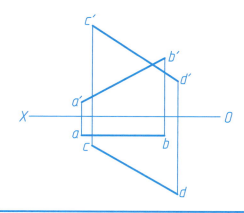

换面法（三）

4-8 求作五边形 ABCDE 的实形。

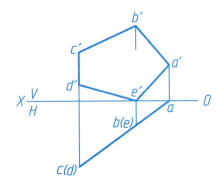

4-9 求作△ABC 对 V 面的倾角β。

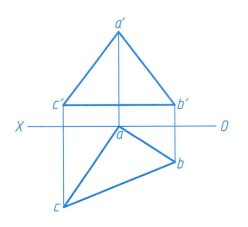

4-10 已知 CD 为△ABC 平面内的正平线，△ABC 对 V 面的倾角β=45°，求作 a′b′c′。

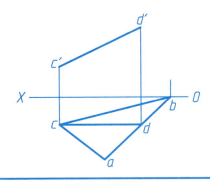

4-11 以直线 AB 为底作等腰△ABC，其高为20mm，△ABC 与 H 面的夹角为45°。

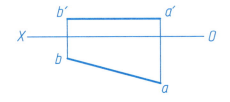

换面法（四）

4-12 已知平面图形的实形投影，求作 V、H 面投影。

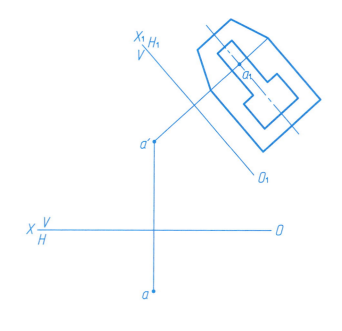

4-13 已知正平线 AB 是正方形 ABCD 的边，点 C 在点 B 的前上方，正方形对 V 面的倾角 $\beta=30°$，试补出正方形的两面投影。

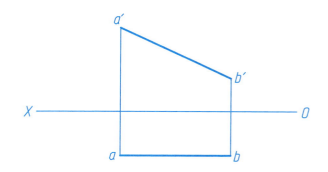

换面法（五）

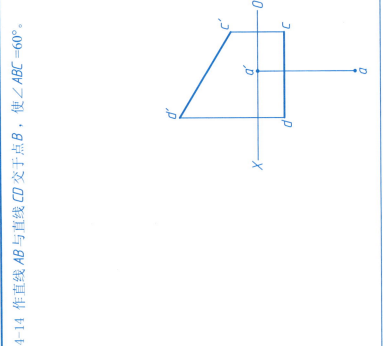

4-14 作直线 AB 与直线 CD 交于点 B，使∠ABC=60°。

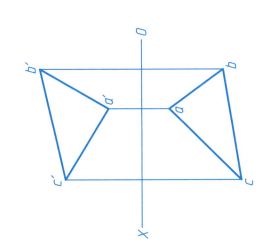

4-15 求△ABC 内切圆圆心 M 的两面投影。

5.1 平行关系（一）

第5章 直线、平面的相互关系

5-1 判别直线 AB 是否平行于已知平面。

(1) (   ) (2) (   ) (3) (   ) (4) (   )

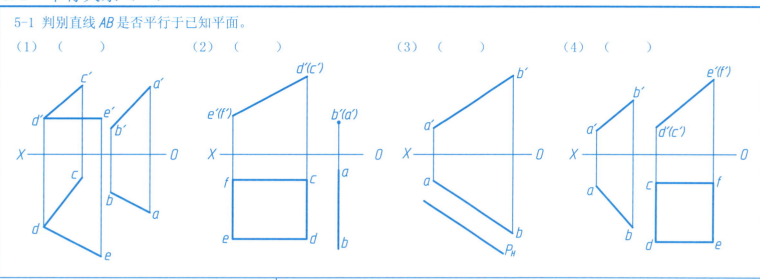

5-2 判别已知两平面是否平行。(   )

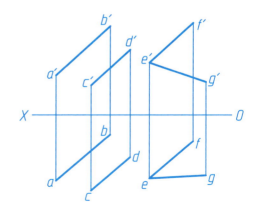

5-3 已知直线 AB 平行于 △CDE，补全所缺投影。

(1)　　　　　　　　　　　(2)

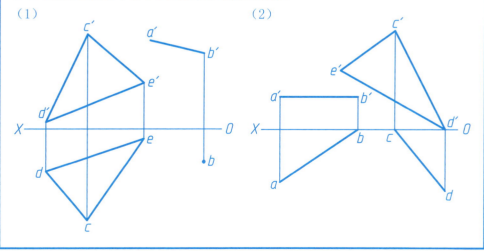

平行关系（二） 5.2 相交关系（一）

5-4 已知两个平面互相平行，求作 defg。

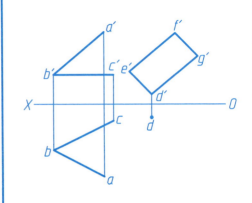

5-5 过点 K 作一平面平行于由两平行直线 AB、CD 决定的平面。

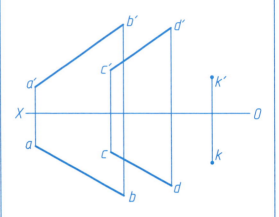

5-6 求直线与平面的交点 K，并判断可见性。

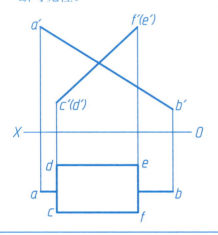

5-7 求直线与平面的交点 K，并判断可见性。

（1）

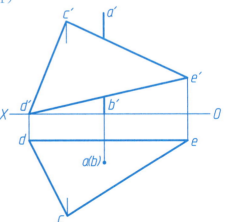

（2）

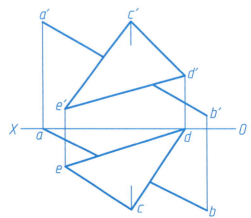

（3）

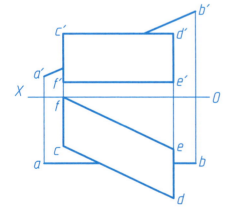

相交关系（二）

5-8 求平面与平面的交线 MN，并判断可见性。

（1）

（2）

（3）

（4）要求采用辅助平面法求解。

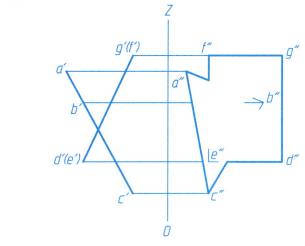
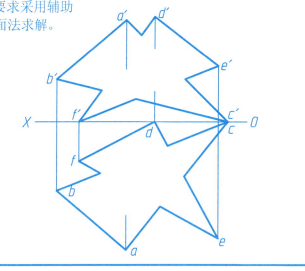

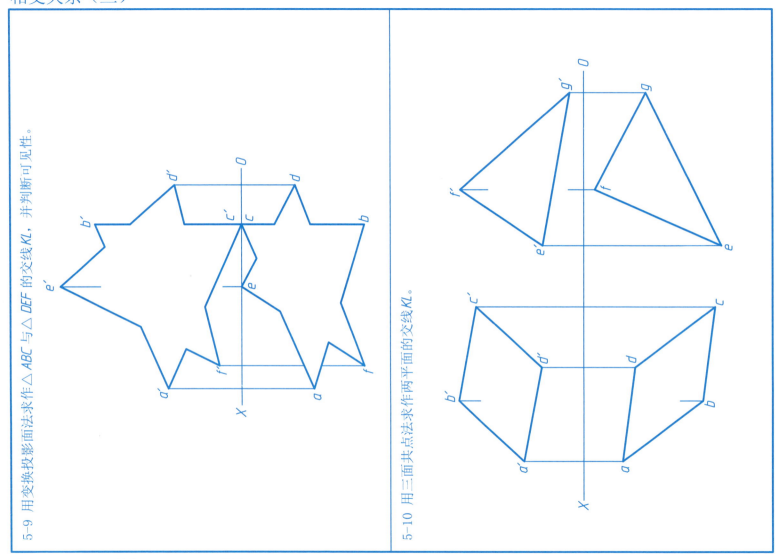

5.3 垂直关系（一）

5-11 求作点 A 到已知平面的距离及两面投影（M 为垂足）。

(1)

(2)

垂直关系（二）

5-12 已知△ABC 垂直于△DEF，求作△ABC 的水平投影△abc。

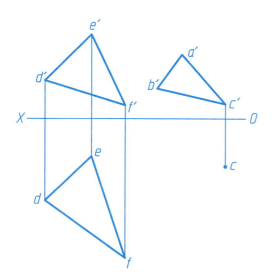

5-13 已知 EF⊥△ABC，求作△ABC 的正面投影△a'b'c'。

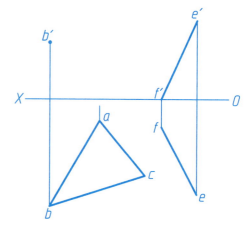

5.4 直线、平面的相互关系综合题（一）

5-14 过点K作一直线KL与平面ABC平行，并与直线EF相交。

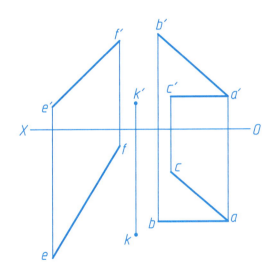

5-15 作一平面平行于△ABC，使DE在两平面之间的线段MN的实长为20mm。

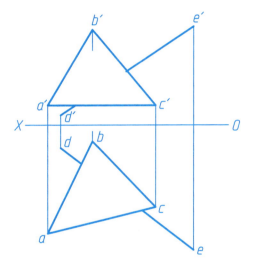

直线、平面的相互关系综合题（二）

5-16 过点 K 作一直线 KL，同时与 AB、CD 直线都相交。

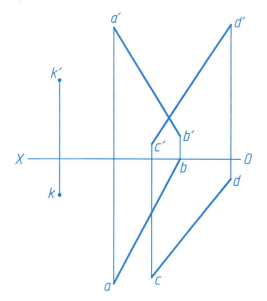

5-17 求点 M 到平面 ABC 的距离及投影。

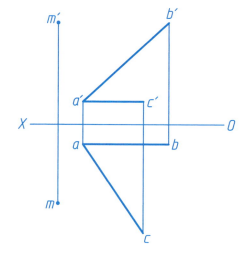

直线、平面的相互关系综合题（三）

5-18 以 AB 为底边作一等腰 △ABC，点 C 在直线 DE 上。

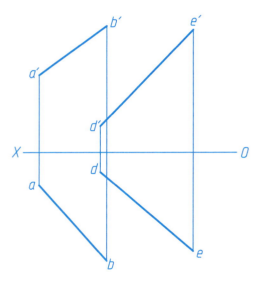

5-19 过点 A 作一平面平行于 BC，并使直线 DE 和 FG 在该平面上的投影相互平行。

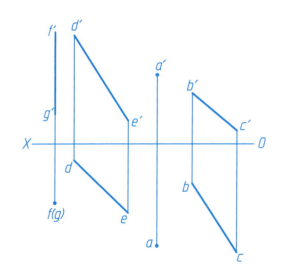

直线、平面的相互关系综合题（四）

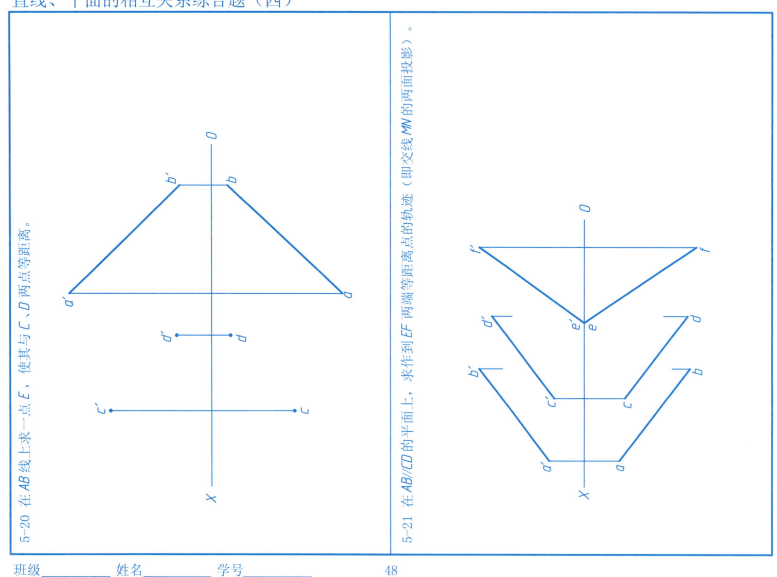

5-20 在 AB 线上求一点 E，使其与 C、D 两点等距离。

5-21 在 AB//CD 的平面上，求作到 EF 两端等距离点的轨迹（即交线 MN 的两面投影）。

班级_____ 姓名_____ 学号_____ 48

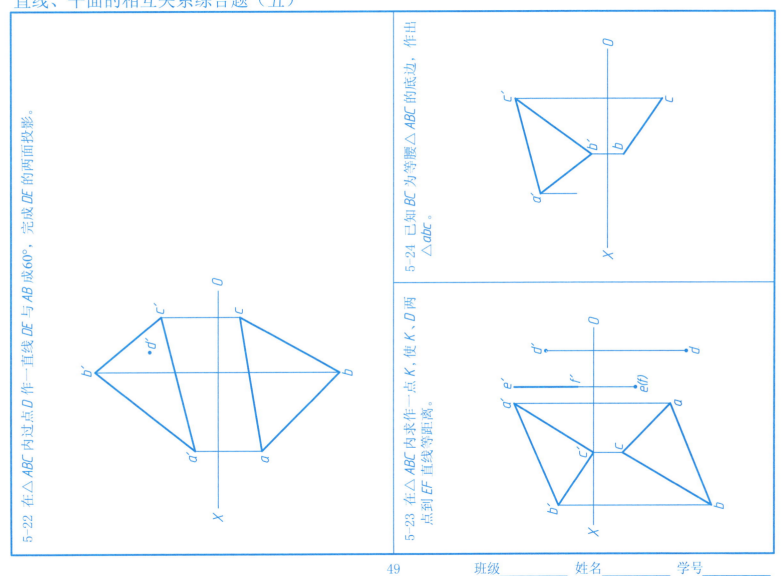

6.1 读读，想想，写写，画画（一）   第6章 基本体的视图

6-1 物体对称线(面)、曲面体轴线及圆的中心线，在视图中必须画出，因它有利于画图、看图和标注尺寸——读一读，画一画。

(1)

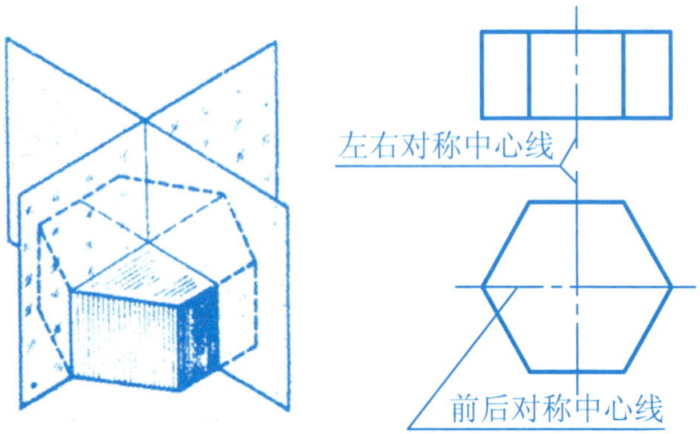

(2) 曲面体的轴线必须画出　半圆也是如此

左右对称中心线

前后对称中心线

圆的中心线必须画出

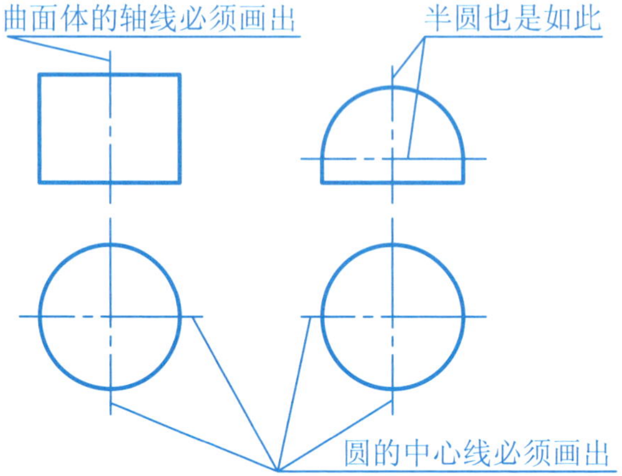

(3) 补画视图中所缺的图线。

1)　　2) 　　3) 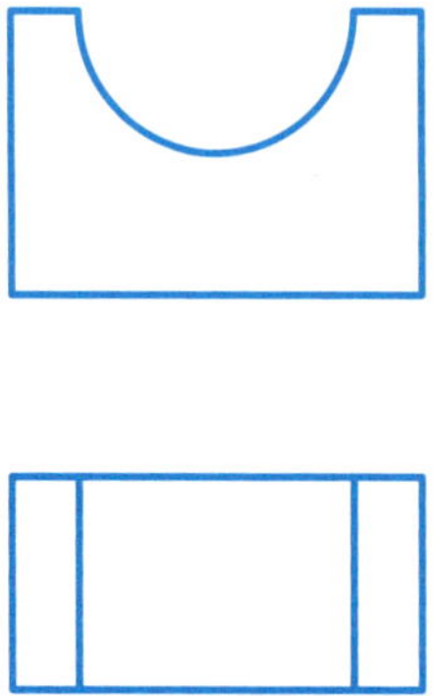　　4)

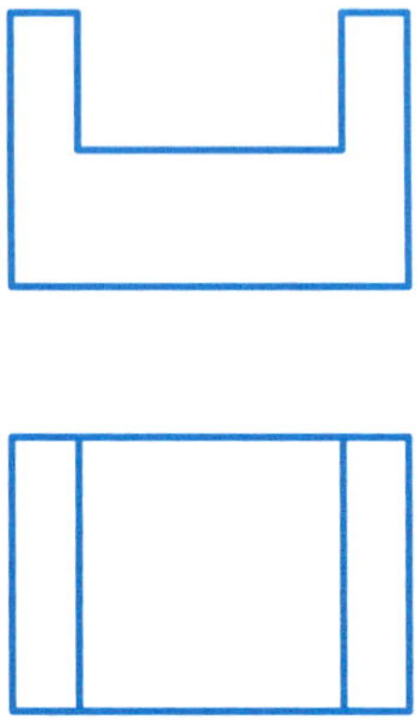

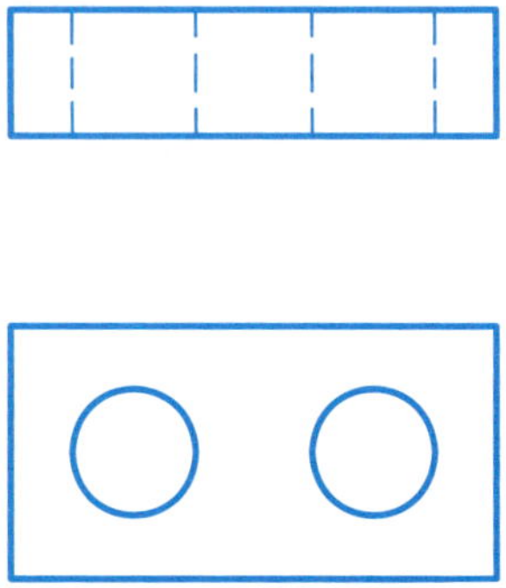

读读，想想，写写，画画（二）

6-2 掌握曲面体中转向轮廓素线的投影特点，对画和读曲面体视图至关重要——读一读，想一想，写一写。

- 上下半圆球的分界线
- 左右半圆球的分界线
- 前后半圆球的分界线

圆球的三视图

主视图　后半圆球　前半圆球　左视图　右半圆球　左半圆球

前后半圆球的分界线，它与V面有何关系？

左右半圆球的分界线，它与W面有何关系？

上半圆球　下半圆球

上下半圆球的分界线，它与H面有何关系？

俯视图

圆柱的三视图：
圆柱的表面可分为左、右、前、后，想想以哪条线为界？找出其投影。

圆锥的三视图：
圆锥的表面可分为左、右、前、后，想想以哪条线为界？找出其投影。

上方的圆球：
① 圆球被切掉了___分之一？
② 切掉的部分位于圆球的___、___、___方？
③ 若点属于该部分的表面上，其三面投影一定是___见的。
④ 若点位于圆球表面的___、___、___方时，其三面投影一定是不可见的。

主视方向

班级_____ 姓名_____ 学号_____

6.2 基本体的视图（一）

6-3 根据平面立体的两面视图，画出第三面视图，并补全其表面上各点和线的三面投影。

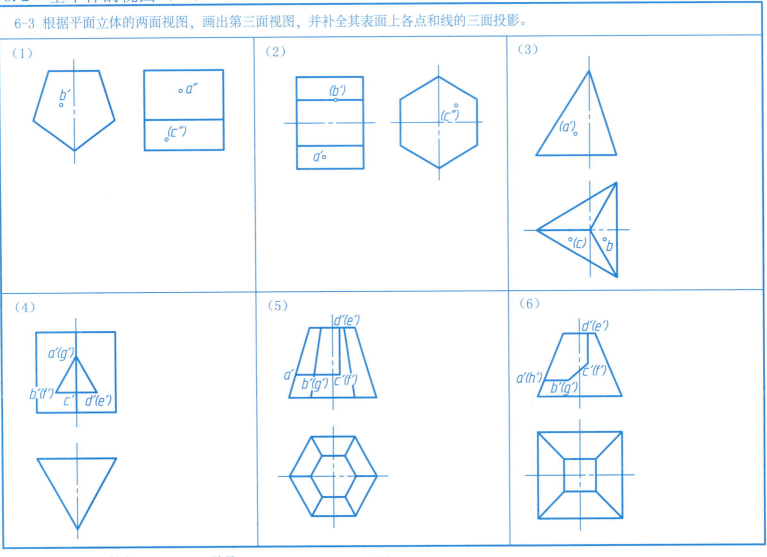

基本体的视图（二）

6-4 根据曲面立体的两面视图，画出第三面视图，并补全其表面上各点和线的三面投影。

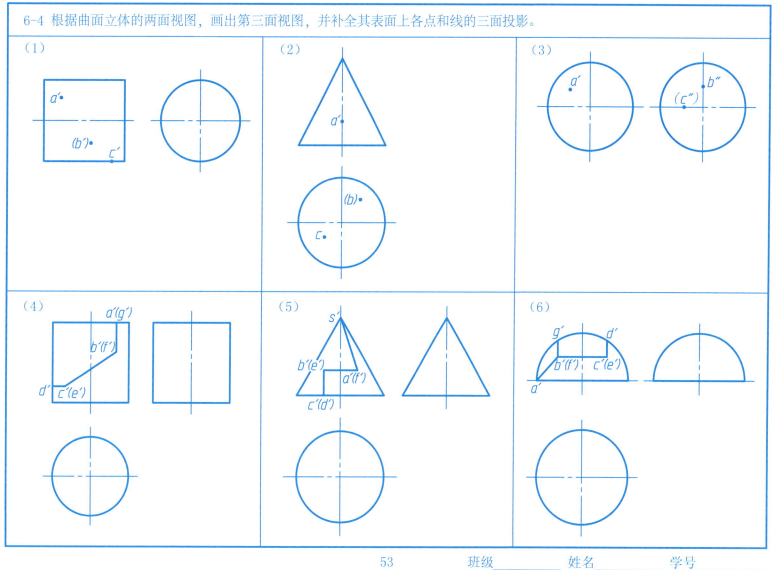

基本体的视图（三）

6-5 分析物体是由什么形状的基本形体组成，补画其第三面视图，并填空。

(1)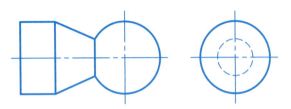

物体由_____组成

(2)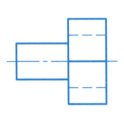

物体由_____组成

(3)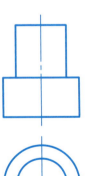

物体由_____组成

(4)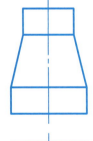

物体由_____组成

7.1 平面切割体（一）

第7章 切割体的视图

7-1 补全平面切割体已知视图中的漏线，并画出其第三视面图。比较(4)~(6)小题与题6-3中的(4)~(6)小题，分析视图有何变化。

（1）棱柱被正垂和水平面切割。

（2）棱柱被水平、侧平和正垂面切割。

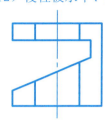

（3）棱锥被水平和正垂面切割。

 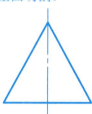

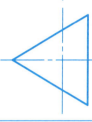

（4）棱柱被钻三棱柱通孔。

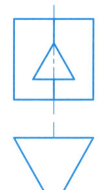

（5）棱台被水平和侧平面切割。

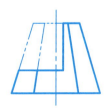

（6）棱台被水平、正垂和侧平面切割。

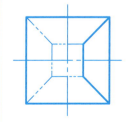

平面切割体（二）

7-2 画出平面切割体的第三面视图。

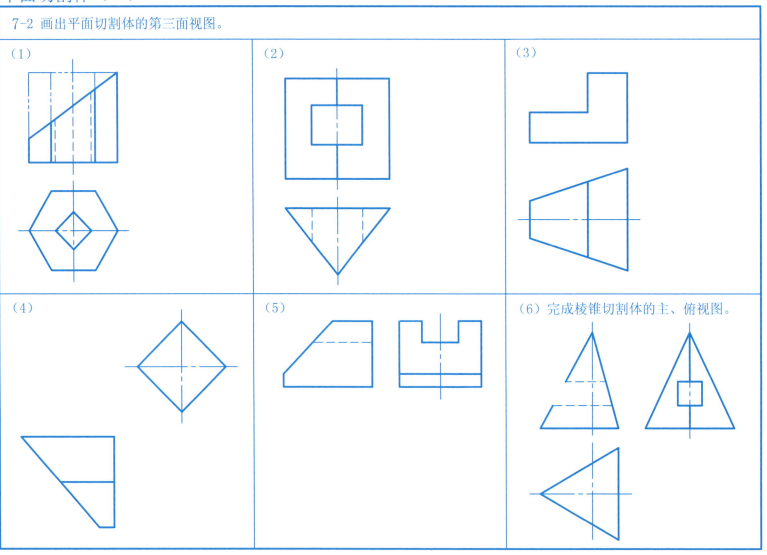

7.2 读读，想想，画画（一）

7-3 圆柱开槽、切口的画法，初学者往往搞错，现将其直观地展示如下——读一读，想一想，画一画。

（1）

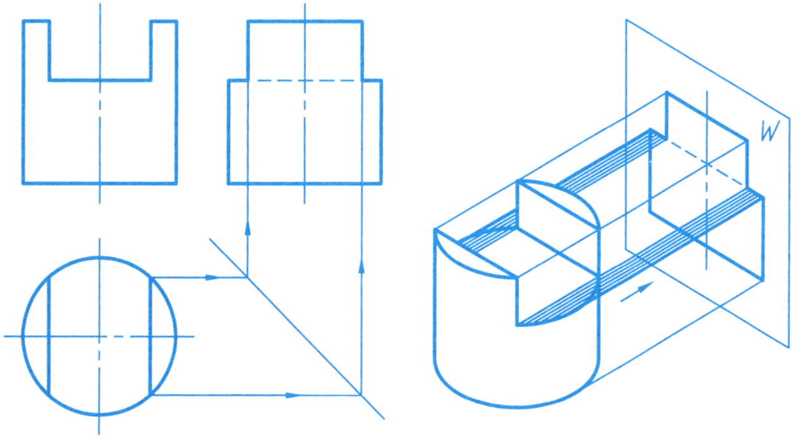

（2）根据俯、左视图，画出主视图。

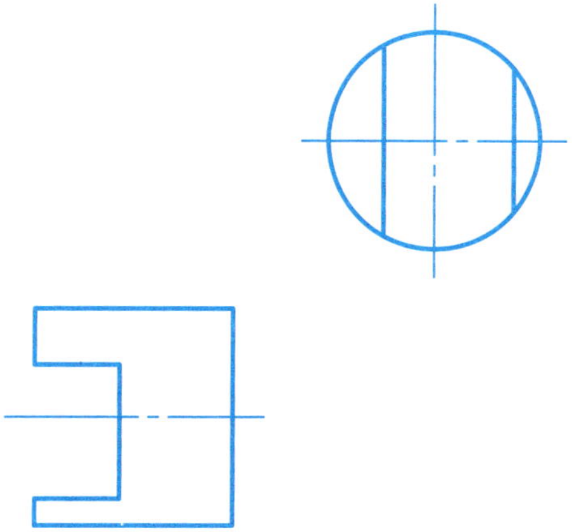

（3）

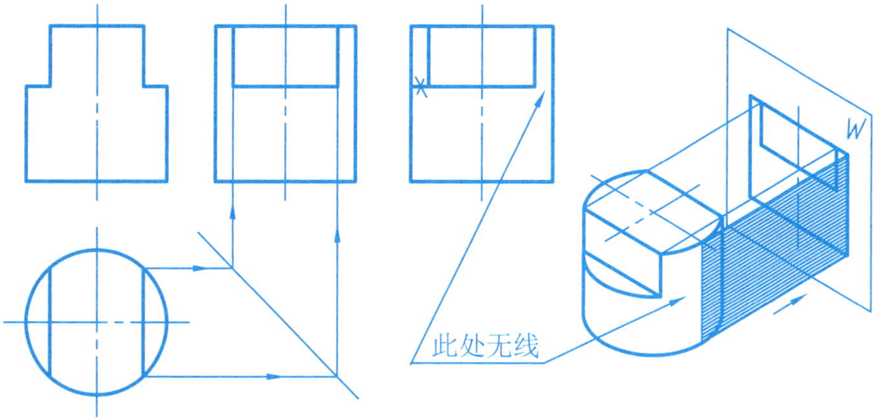

此处无线

（4）根据俯、左视图，画出主视图。

57　班级_____ 姓名_____ 学号_____

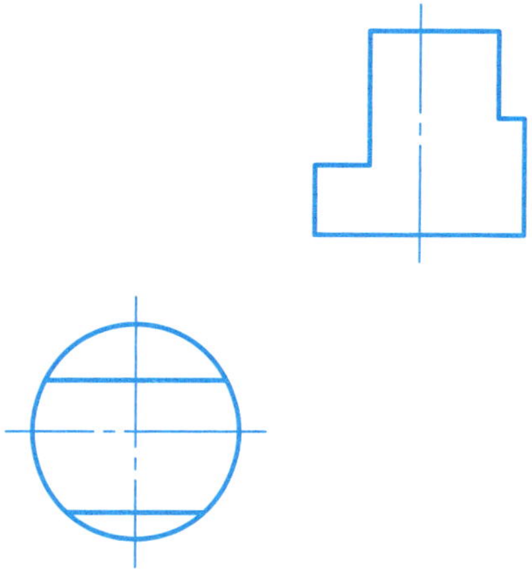

读读，想想，画画（二）

7-4 圆柱被平面斜切，截交线的变化——读一读，想一想，画一画。

（1）你想知道圆柱的截交线——椭圆，其长、短轴投影的变化吗？

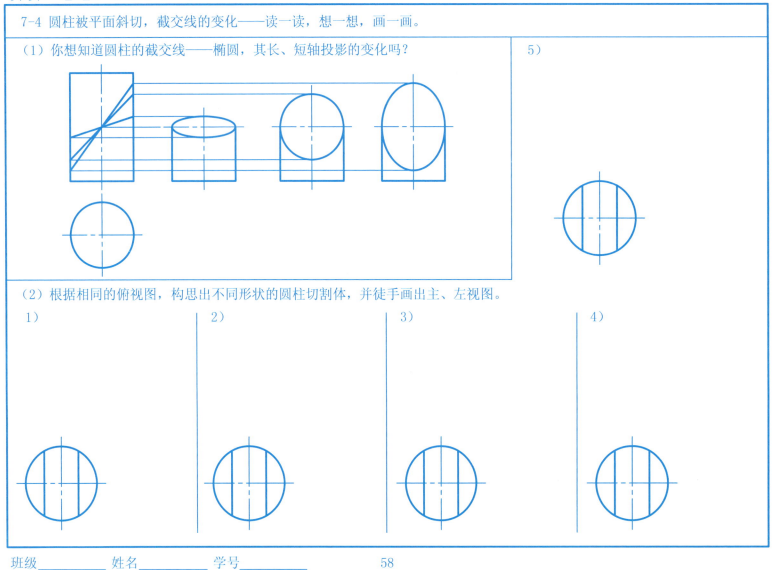

（2）根据相同的俯视图，构思出不同形状的圆柱切割体，并徒手画出主、左视图。

1) 2) 3) 4)

7.3 曲面切割体（一）

7-5 画出圆柱切割体的第三视图，并比较各题切割体的组成特点及视图的变化，分析截交线的形状及投影特点。

(1) (2) (3)

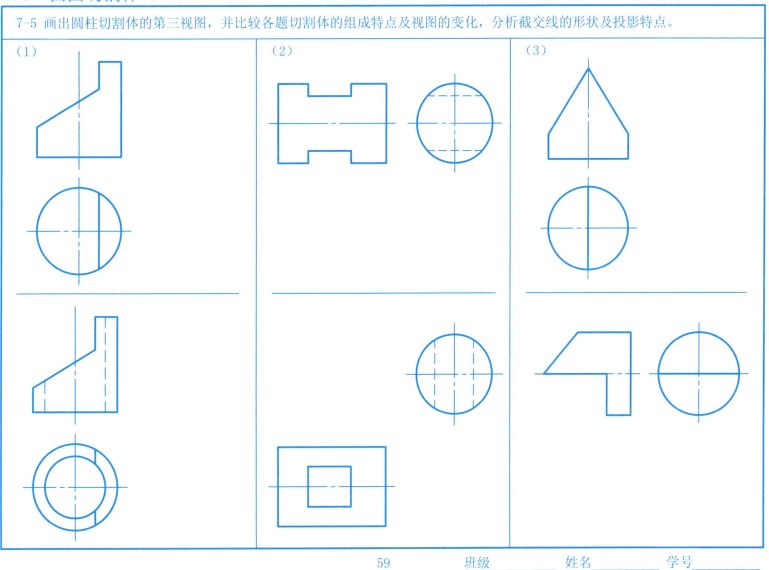

曲面切割体（二）

续7-5 画出圆柱切割体的第三视图，并比较各题切割体的组成特点及视图的变化，分析截交线的形状及投影特点。

(4)

(5)

(6)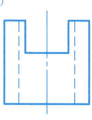

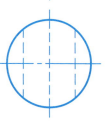

曲面切割体（三）

7-6 完成圆锥切割体的两面视图，并比较各题切割体的组成特点及视图的变化，分析截交线的形状及投影特点。

曲面切割体（四）

7-7 完成圆球切割体的两面视图，并比较各题切割体的组成特点及视图的变化，分析截交线的形状及投影特点。

(1)

(2)

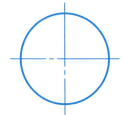

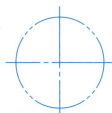

曲面切割体（五）

7-8 分析组合曲面切割体的截交线的形状及投影特点，画出其第三面视图，并比较各题切割体的组成特点及视图的变化。

(1)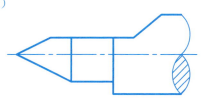

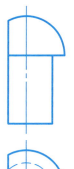 (2)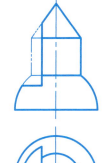

第8章 相交立体的视图

8.1 两平面体相交(一)

8-1 求出两平面体相交的相贯线。

(1) 两座房子(模型化)相贯。

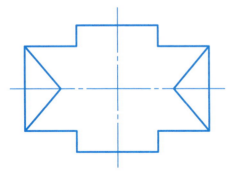

(2) 四棱柱与三棱柱相贯，并与题7-2（2）比较，分析视图有何变化。

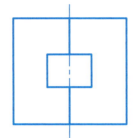 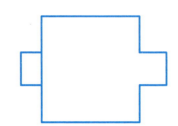

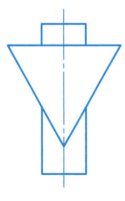

两平面体相交（二）

续8-1 求出两平面体相交的相贯线。

(3) 四棱柱与三棱锥相贯，并与题7-2（6）比较，分析视图有何变化。

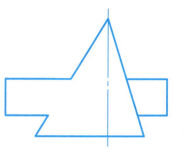
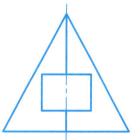
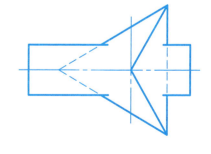

8.2 平面体与曲面体相交（一）

9-2 求出平面体与曲面体相交的相贯线。

(1) 圆柱与三棱柱相贯，并与题7-5（4）上方图形比较，分析视图有何变化。

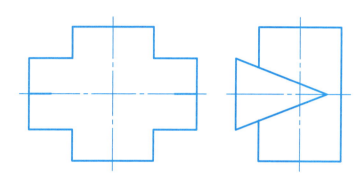
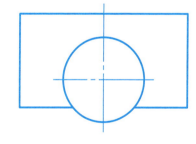

平面体与曲面体相交（二）

续8-2 求出平面体与曲面体相交的相贯线。

(2) 三棱柱与圆柱相贯，并与题7-5（5）上方图形比较，分析视图有何变化。

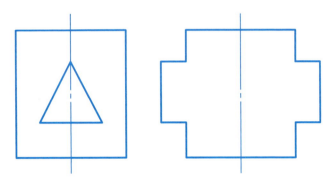

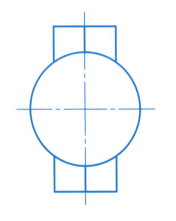

(3) 四棱柱与圆球相贯，并与题7-7（1）下方图形比较，分析视图有何变化。

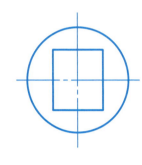 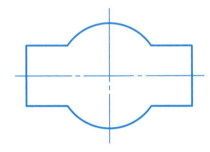

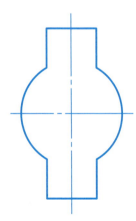

8.3 两曲面立体相交（一）

8-3 求出曲面立体相交的相贯线。

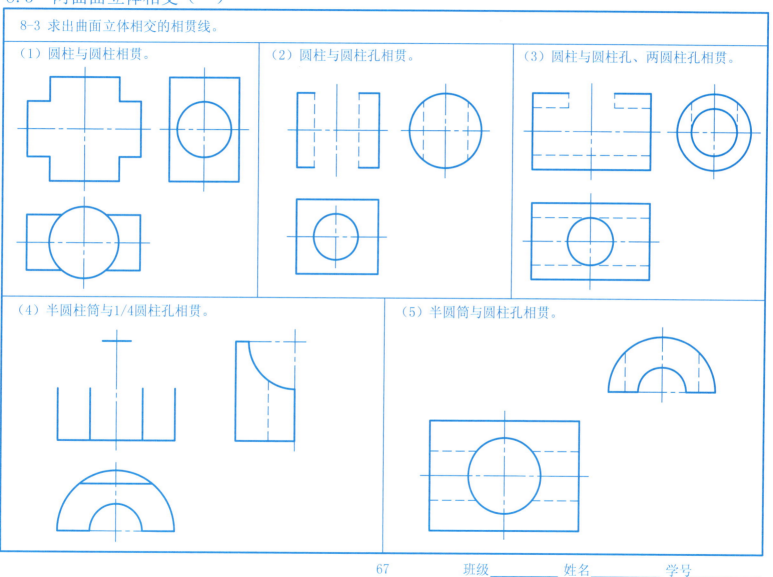

(1) 圆柱与圆柱相贯。
(2) 圆柱与圆柱孔相贯。
(3) 圆柱与圆柱孔、两圆柱孔相贯。
(4) 半圆柱筒与1/4圆柱孔相贯。
(5) 半圆筒与圆柱孔相贯。

两曲面立体相交（二）

8-4 求出两曲面立体相交的相贯线。

(1) 圆锥台与半圆柱相贯。

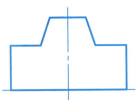

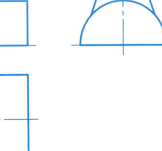

(2) 圆柱与圆锥台相贯。

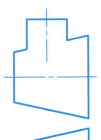

(3) 圆锥穿过圆柱。

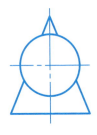
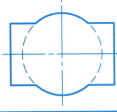

(4) 1/4圆柱与圆锥台偏交。

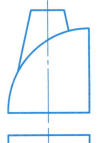
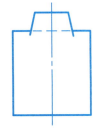
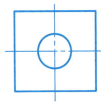

班级_____ 姓名_____ 学号_____

两曲面立体相交（三）

8-5 求出两曲面立体相交的特殊相贯线。

(1) 两圆柱相贯。

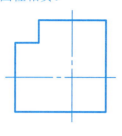

(2) 圆柱与圆柱孔相贯。

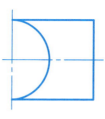

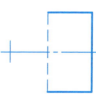

(3) 圆柱与圆柱相贯。

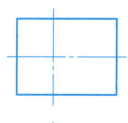

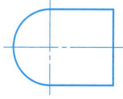

(4) 圆柱与圆锥相贯。

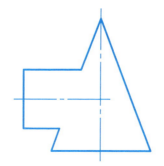
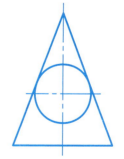

8.4 综合相交（一）

8-6 求出组合形体的相贯线。

(1) 两U型柱相贯。

(2) 圆柱与U型柱相贯。

(3) 圆柱与U型柱孔相贯。

(4) 两圆柱叠加与环形柱体相贯。

(5) 圆柱、圆球、圆锥相贯，钻圆柱孔。

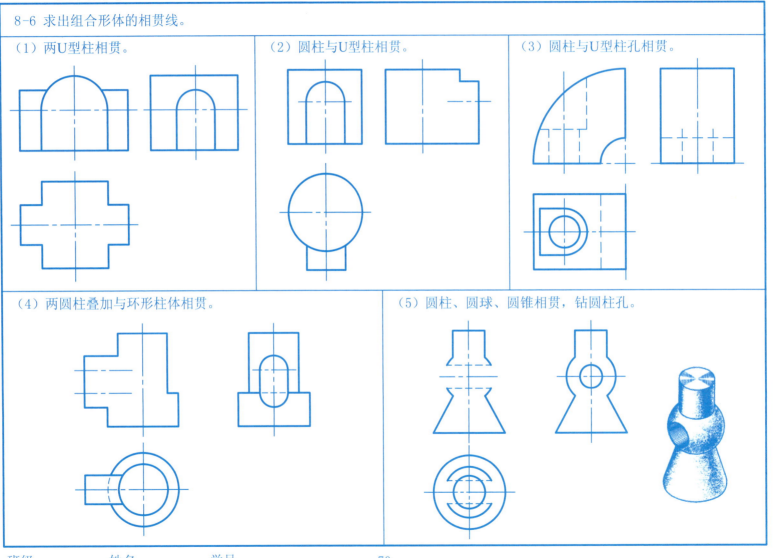

综合相交（二）

8-7 求出组合形体的相贯线。

(1)

(2)

(3)

(4)

8.5 相贯线的模糊画法

8-8 画出相贯形体的第三面视图,并补画已知视图中的漏线(要求:相贯线采用模糊画法)。

(1) 画俯视图。

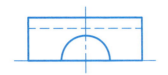

(2) 画主视图。

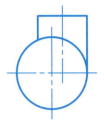

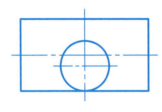

(3) 补画圆柱与圆锥、半圆球相贯主视图中的漏线。

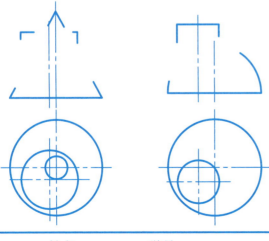

(4) 补画俯视图中的漏线,画出主视图。

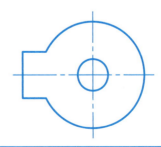

9.1 画轴测图（一）

第9章 轴测图

9-1 根据已知的两面视图及条件，画出物体的正等测。

（1）六棱柱。

（2）正五棱柱。

（3）正六棱柱立在四棱柱的正上方。

（4）圆柱立在四棱柱的正上方。

班级_____ 姓名_____ 学号_____

画轴测图（二）

9-2 根据已知条件，画出物体的轴测图。

（1）已知圆柱体的直径为30mm，高为25mm，其底面平行于W面，画出其正等测。

（2）已知工字形柱体顶面的正等测及柱高为15mm，完成其轴测图。

（3）已知物体的两面视图，按2:1的比例画出其正等测。

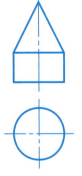

（4）已知棱柱体左侧面的正等测及长度为20mm，完成其轴测图。

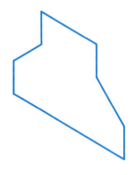

画轴测图（三）

9-3 根据已知条件，补全物体的轴测图。

(1) 已知带圆角柱体的视图，画正等测。

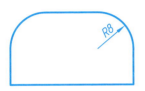

(2) 已知带圆柱通孔的长方体的前表面，其宽度为20mm，画斜二测。

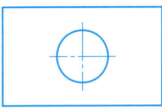

(3) 已知大圆柱的直径为30mm，高度为40mm，且在小圆柱的正后方，使二者的底面接触，画轴测图。

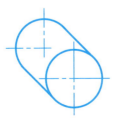

(4) 根据正四棱台的两面视图，画斜二测，使其立在正四棱柱的正上方。

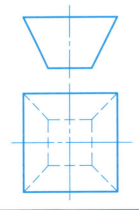
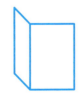

9.2 切割体的轴测图

9-4 画出切割体的正等测。

（1）

（2）

（3）

（4）

班级_____ 姓名_____ 学号_____

9.3 相贯体的轴测图

9-5 画出相贯体的正等测。

(1) 两圆柱相贯。

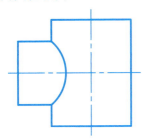 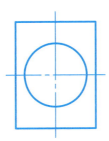

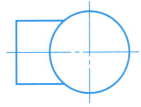

(2) 圆柱与圆柱孔相贯。

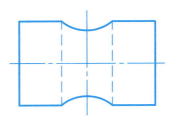 

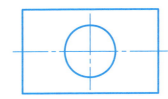

9.4 徒手画轴测图

9-6 读懂已知物体的视图，徒手画出物体的轴测图。

（1）画正等测。

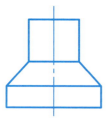

（2）画正等测。

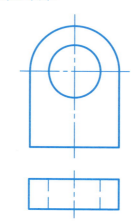

（3）画正等测。

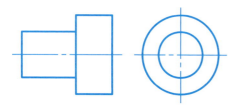

（4）已知平板圆柱上有五个通孔，其厚度为10mm，画斜二测。

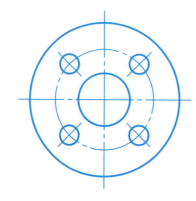

10.1 画组合体的三视图（一）

第10章 组合体

10-1 已知四棱柱的三视图，在轴测图上按1:1比例量取尺寸，按要求完成叠加式组合体的三视图——读一读，写一写，画一画。

该体在四棱柱的正右方，以其大面接触之。

该体在四棱柱的正前方，以底面接触之。

该体在四棱柱的正左方，以底面接触之。

该体在四棱柱的正上方，以大面接触之。

读一读
运用好形体分析法，对画图与读图是十分有益的：
画图时运用形体分析法，既可积零为整，避免多线、漏线，又能提高作图速度；
读图时运用形体分析法，不但思路清晰，而且还可收到化整为零、将难变易之功效。

写一写
（1）形体分析法的要点是：
① 分清组合体的_____部分；
② 搞清各部分之间的_____位置；
③ 辨清相邻形体之间的表面_____形式。
（2）组合体是一个整体，分开是___想的。所以，画图时应注意：
当相邻形体的表面平齐时，相接处的"缝"是不画线的。

画组合体的三视图（二）

10-2 根据轴测图上标注的尺寸，按2:1的比例画出组合体的三视图，并标注尺寸。

（1）

（2）

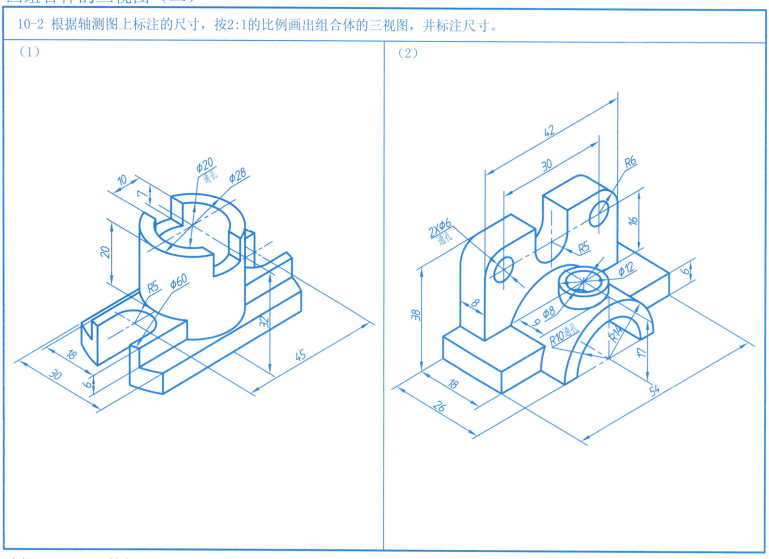

画组合体的三视图（三）

10-3 徒手画图是工程技术人员必备的一项重要的基本技能——练一练（参照轴测图，徒手目测画出物体的三视图）。

(1)

(2)

10.2 读读，想想，写写，画画（一）

10-4 怎样依据一面视图——主视图来想象物体的形状？——读一读，想一想。

　　主视图是由前向后投射而得到的图形，故在主视图中不能反映出物体的宽度尺寸和前后方位。若想搞清物体的宽度和前后，读图时，必须使视图中每一个线框所表示的形体沿投射方向反向"脱"影而出(见图一)。但是，哪些形体凸出、凹下或是挖空？它们究竟凸起多高、凹下多深？仅此一面视图是无法确定的，因为常常具有几种可能性(见图二)。由此可见，为了确定物体的形状，必须通过其他视图配合才能定出形状和位置。所以，读一面视图，可分为以下两步：

　　1. 依据线框的含义，凭着头脑中已有的基本形体，运用投影的可逆性，借助于图框自身的含义等关系，想象出物体的各种可能的形状；
　　2. 根据想出的物体形状，补出其他视图，以确定物体的唯一形状。

　　依据俯视图或左视图，补出其他两面视图，其方法与此相同，但应注意，首先将视图"旋转归位"，见下页所示。这样的练习，不仅有利于训练读图的思路，而且对培养空间思维能力和构形能力都是非常有益的，故应多读、多练。

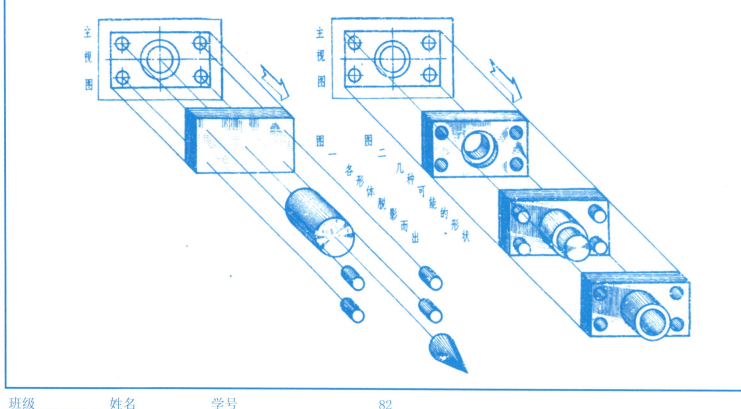

读读，想想，写写，画画（二）

10-5 怎样依据俯视图或左视图来想象物体的形状？——读一读，想一想，写一写，画一画。

（1）根据俯视图——想象物体的形状。

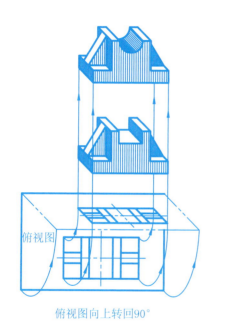

（2）根据左视图——想象物体的形状。

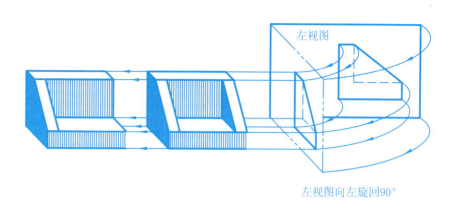

（3）写一写：
① 视图中的相邻线框，表示物体上_____的两个面或_____的两个面。
② 视图中的大套小线框，表示在大的形体上_____或_____的各个小的形体。

（4）根据3个相同的俯视图，想象出不同的物体，并画出主视图。

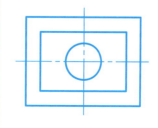 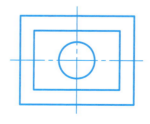 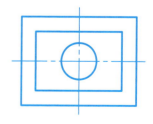

读读，想想，写写，画画（三）

10-6 趣味题——读一读，想一想，画一画。

例题：
根据俯视图，画出主视图（由3个基本体组成）。

（1）根据主视图，画出俯、左视图（该形体由两个基本体组成）。

（2）根据俯视图，画出主视图（该形体由3个基本体组成）。

（3）要求与题（1）相同。

（4）根据左视图，画出主视图（该形体由3个基本体组成）。

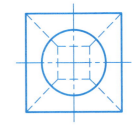

班级_____ 姓名_____ 学号_____

读读，想想，写写，画画（四）

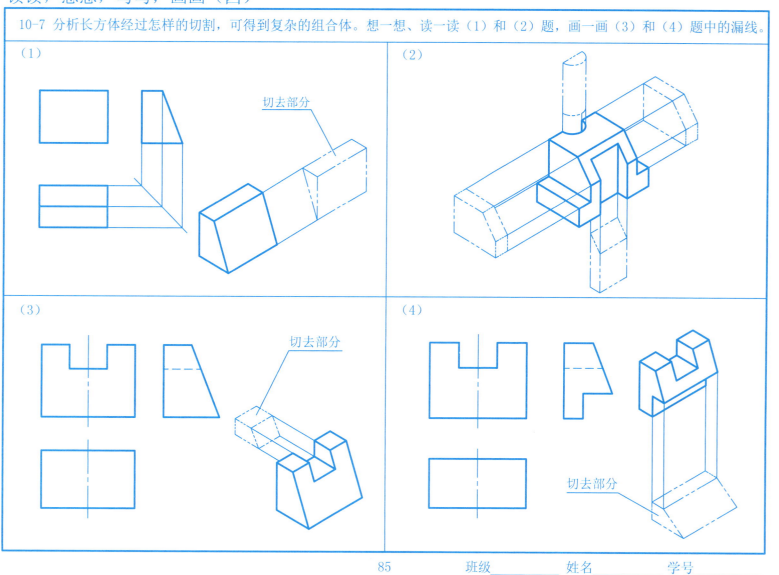

10.3 组合体的尺寸标注（一）

10-8 读懂组合体的视图，用形体分析法对其进行尺寸的标注（尺寸数在图中按1:1的比例直接量取）。

（1）共5个尺寸。

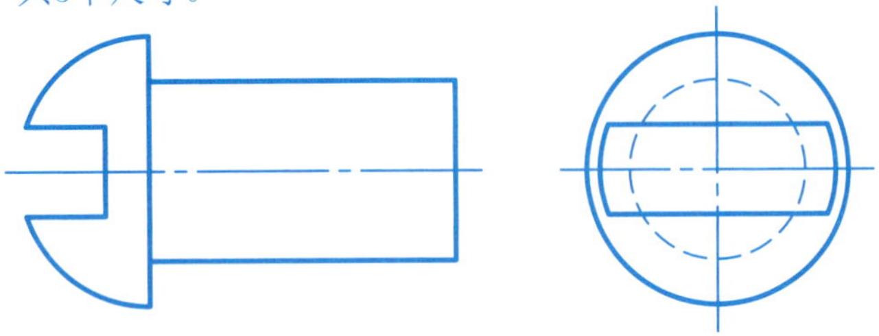

（2）共7个尺寸。

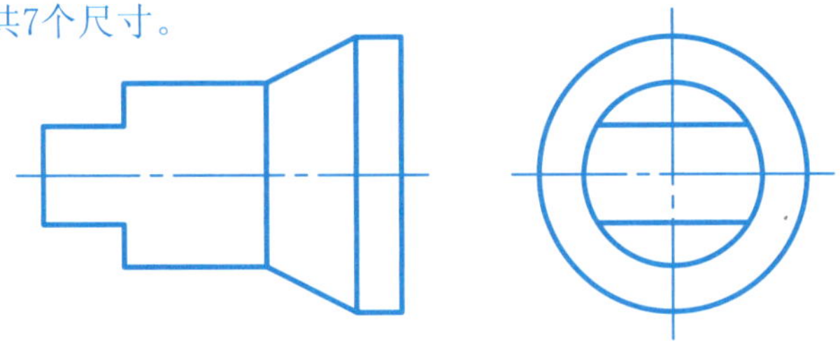

（3）共10个尺寸。

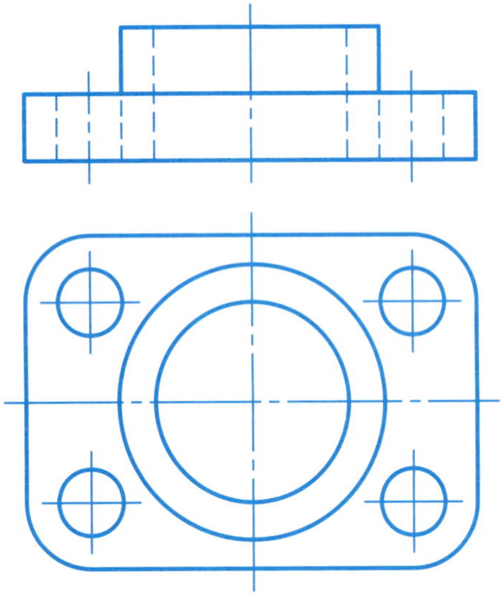

（4）共13个尺寸。

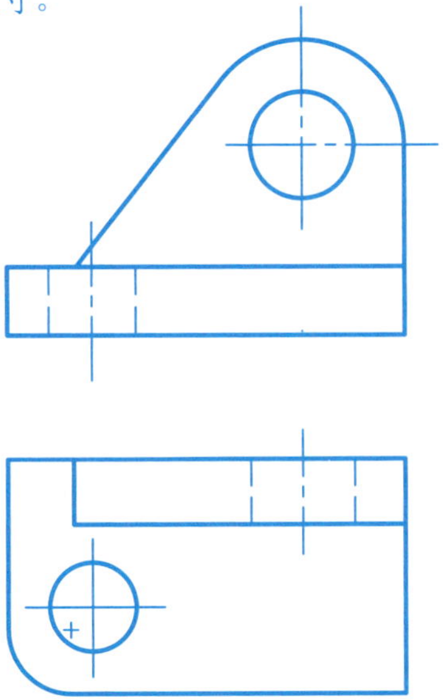

班级_____ 姓名_____ 学号_____

组合体的尺寸标注（二）

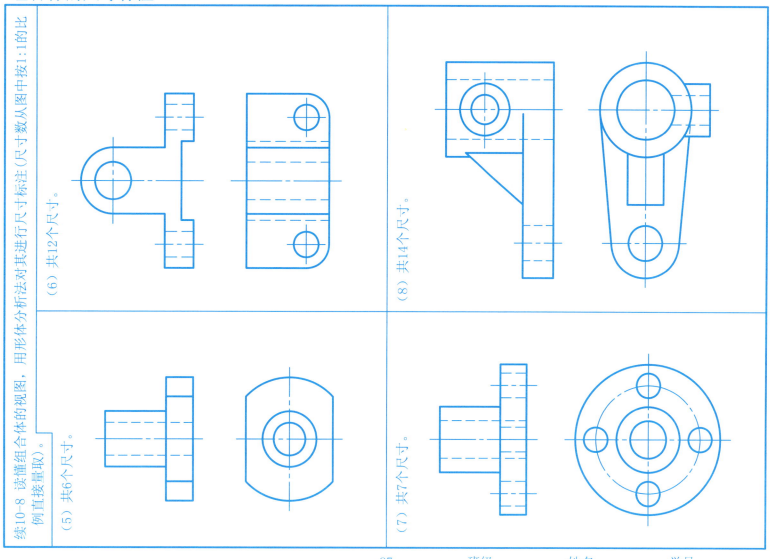

续10-8 读懂组合体的视图，用形体分析法对其进行尺寸标注（尺寸数从图中按1:1的比例直接量取）。

(5) 共6个尺寸。
(6) 共12个尺寸。
(7) 共7个尺寸。
(8) 共14个尺寸。

10.4 补漏线(一)

10-9 补画组合体视图中的漏线,并分析其视图的变化及结构形状的组成特点。

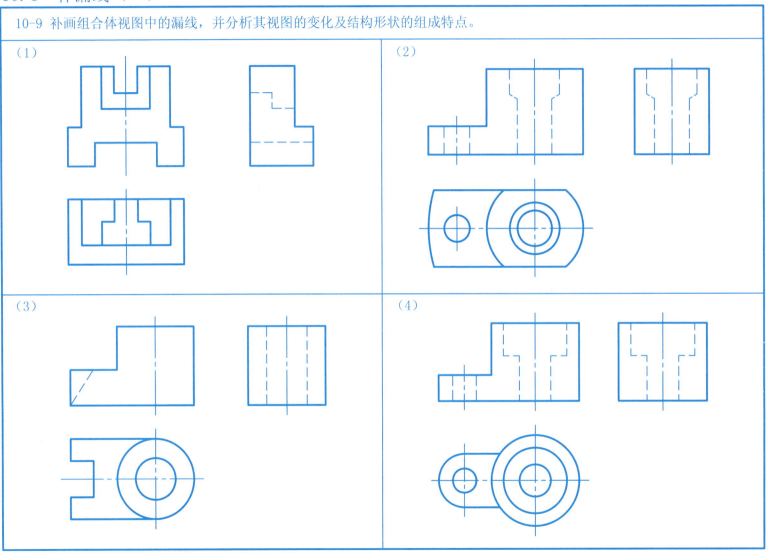

补漏线（二）

10-10 补画组合体视图中的漏线，并分析比较上、下两题视图的变化及结构形状的组成特点。

（1）

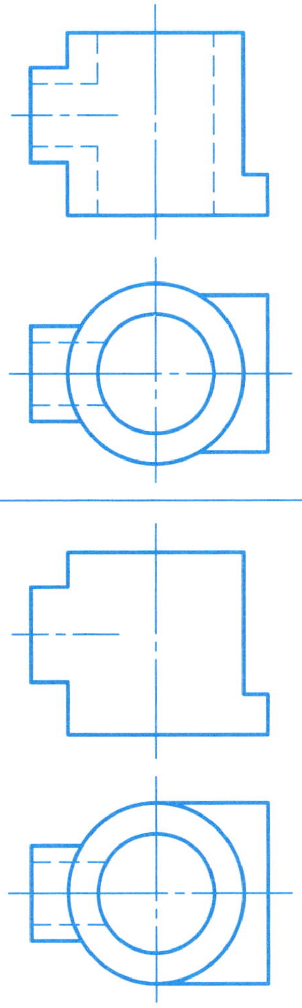

（2）

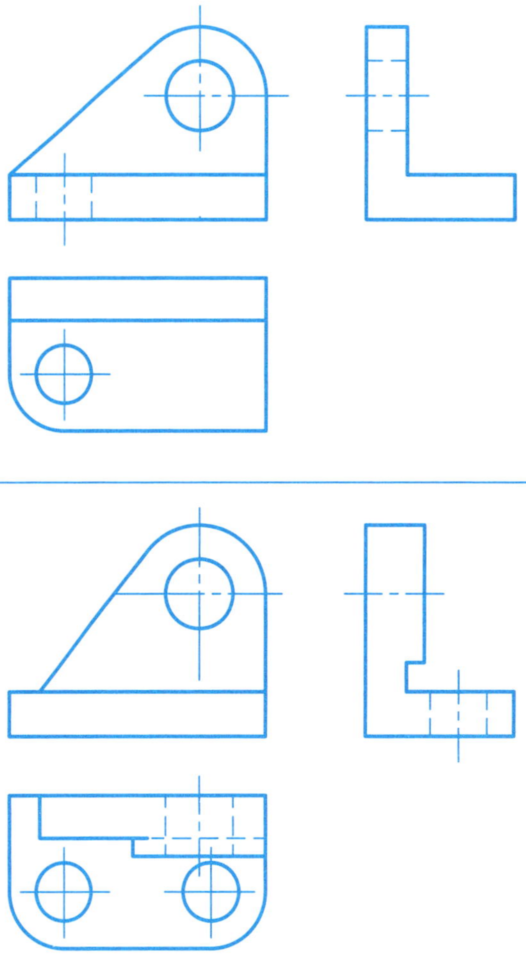

 班级________ 姓名________ 学号________

补漏线（三）

10-11 补画组合体视图中的漏线，并分析比较各题视图的变化及结构形状的组成特点。

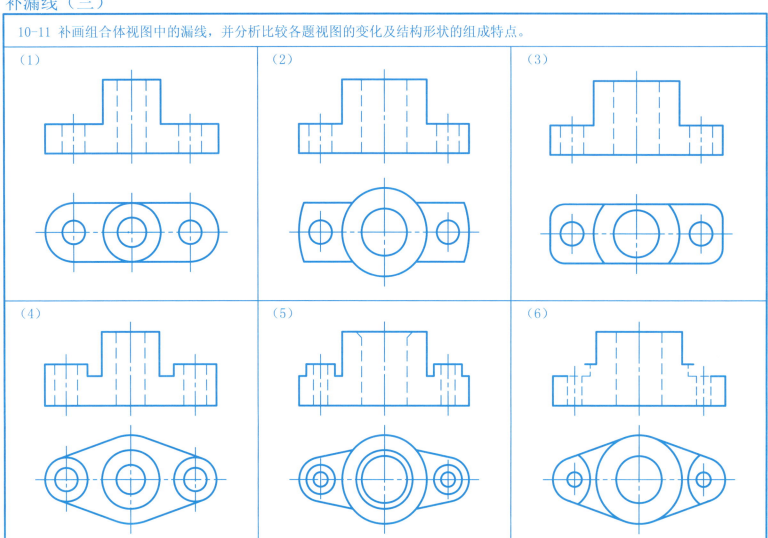

10.5 补画第三视图（一）

10-12 读懂组合体的视图，画出第三视图，并分析比较上、下两题视图的变化及结构形状的组成特点。

(1)

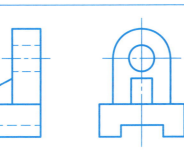

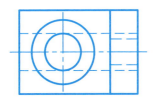

(2)

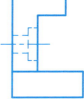

补画第三视图（二）

续10-12 读懂组合体的视图，画出第三视图，并分析比较上、下两题视图的变化及结构形状的组成特点。

(3)

(4)

补画第三视图（三）

续10-12 读懂组合体的视图，画出第三视图，并分析比较上、下两题视图的变化及结构形状的组成特点。

(5)

(6)

10.6 组合体的轴测图（一）

10-13 已知组合体的三视图，画其正等测（尺寸从图中按1:1的比例直接量取）。

(1)

(2)

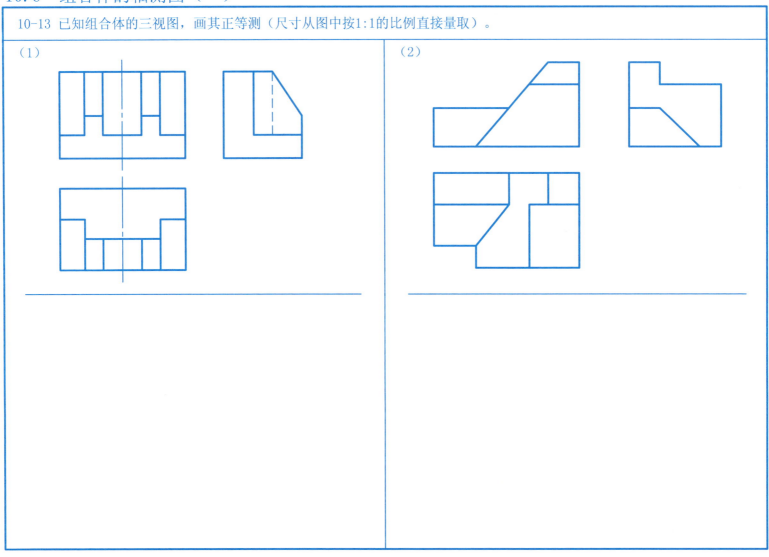

组合体的轴测图（二）

10-14 已知组合体的三视图，画其轴测图（尺寸从图中按1:1的比例直接量取）。

（1）正等测。

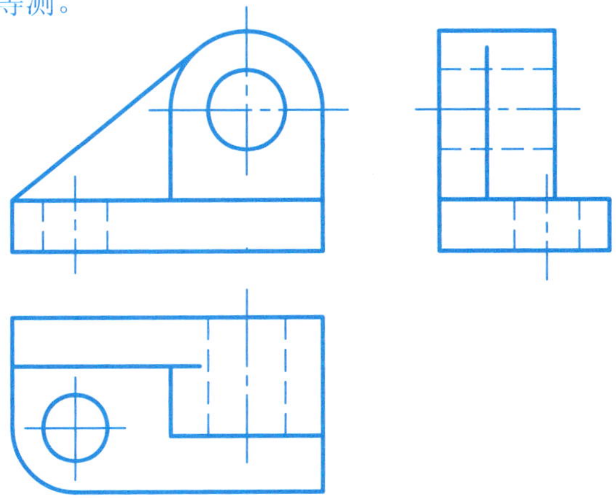

（2）斜二测。

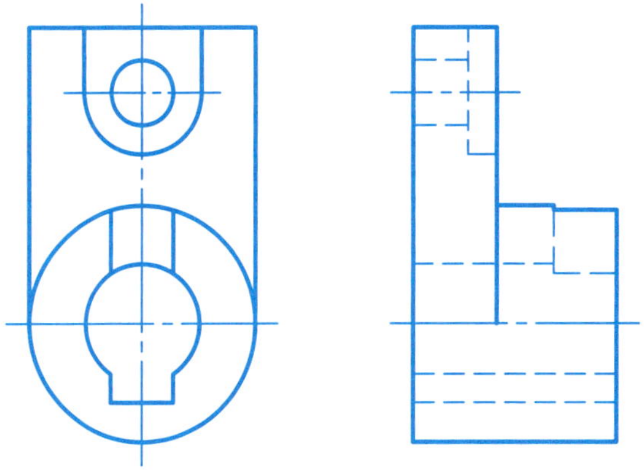

班级________ 姓名________ 学号________

11.1 视图（一）

第11章 机件的表示法

11-1 根据机件的主、左视图，补画其俯、仰、右、后视图（要求：按展开位置画出）。

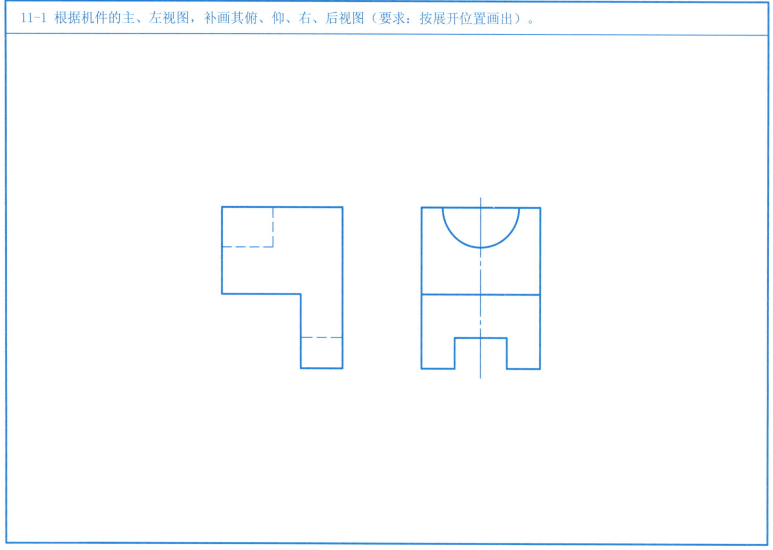

视图（二）

11-2 读懂机件的视图，画出基本视图和向视图。

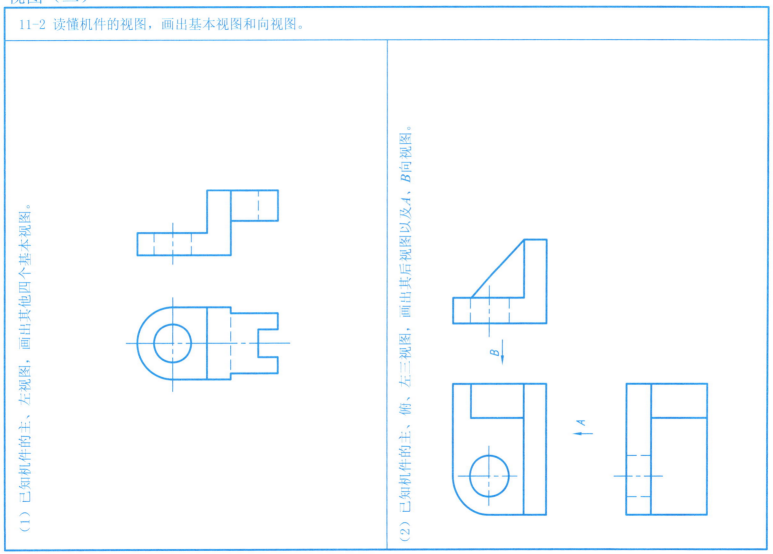

(1) 已知机件的主、左视图，画出其他四个基本视图。

(2) 已知机件的主、俯、左三视图，画出其后视图以及 A、B 向视图。

视图（三）

11-3 局部视图和斜视图中波浪线的画法——读一读、想一想。

画波浪线时应注意：

（1）波浪线是表示物体断裂边界的投影，它限定了局部视图或斜视图的投影范围，凡属于其内的可见轮廓线（如图中直线CD）均需画出。因此，画图时根据图形表示的需要，首先要确定波浪线的适当位置。

（2）波浪线要徒手画出，其线型为细实线，并应画的自然、真切、富有断裂之感。

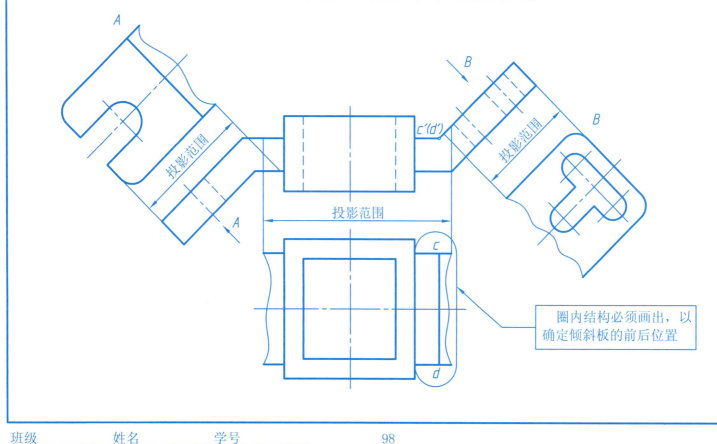

圈内结构必须画出，以确定倾斜板的前后位置

视图（四）

11-4 读懂机体的视图，画出其局部视图和斜视图

（1）画出机件的A局部视图和B斜视图。

（2）画出A斜视图。

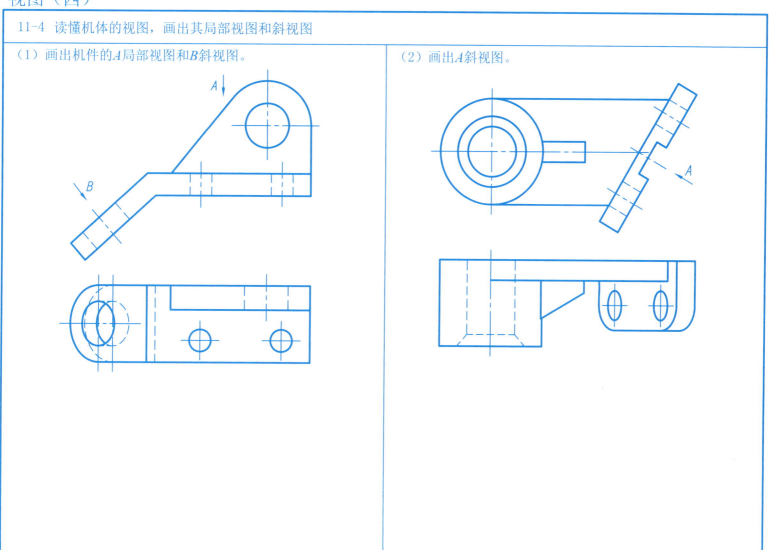

11.2 剖视图（一）

11-5 读懂机件的视图，补画其全剖视图中的漏线。

(1)

(2)

(3)

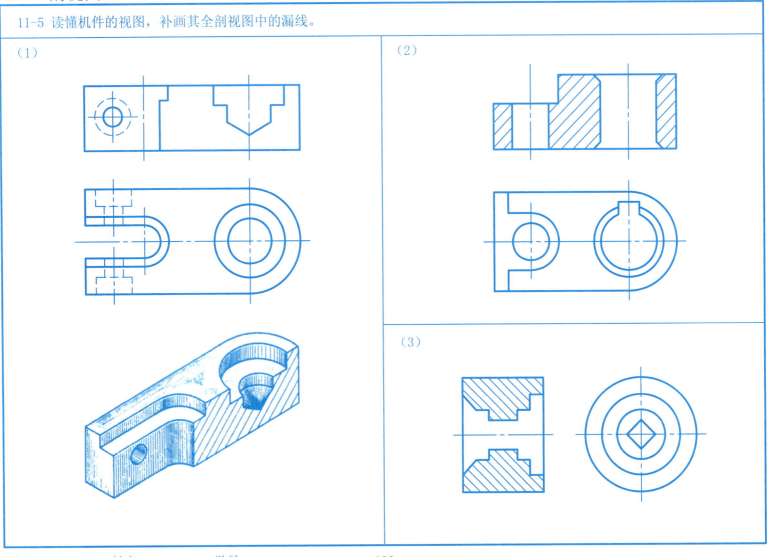

剖视图（二）

11-6 参照机件的轴测图，按要求画其主视方向的剖视图，左视图画成外形视图（注意：虚线不画）。

(1) 主视图——全剖视图。

(2) 主视图——半剖视图（轴测图中C2的含义见教材第1章表1-8）。

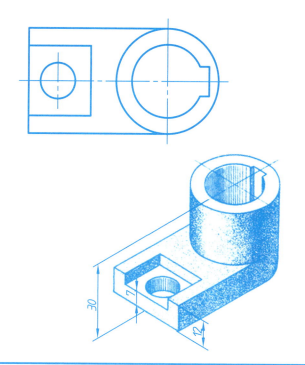

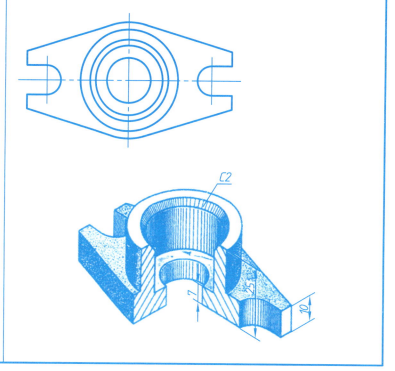

剖视图（三）

11-7 读懂机件的视图，补画其半剖视图中的漏线。

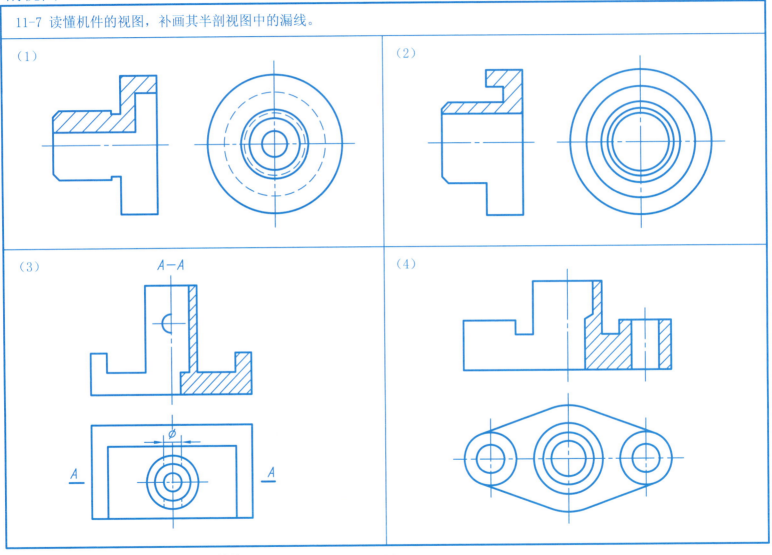

剖视图（四）

11-8 读懂左边机件的视图，在右边将主视图画成 $A-A$ 半剖视图、俯视图局部剖视图，左视图画外形视图（注意：虚线不画）。

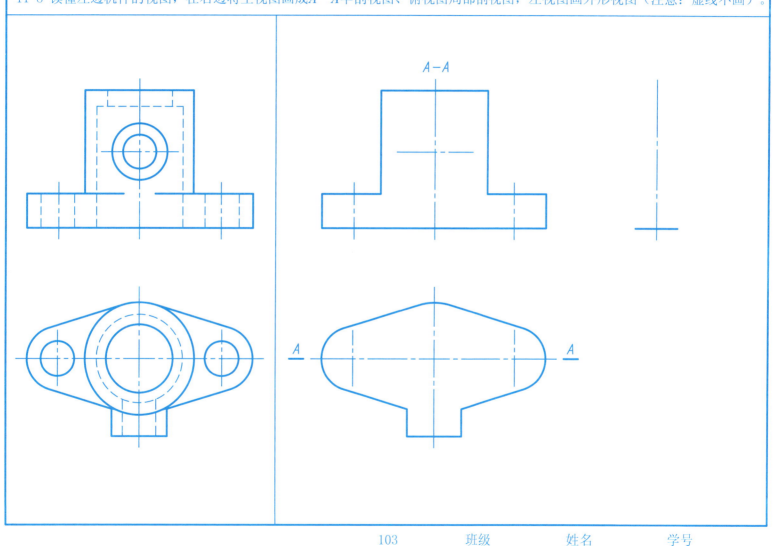

剖视图（五）

11-9 读懂机件的视图，画局部剖视图。

(1) 参照机件的轴测图，将其俯视图画成局部剖视图（注意剖面线的方向与间隔）。

(2) 在指定位置，将扳手的俯视图画成局部剖视图。

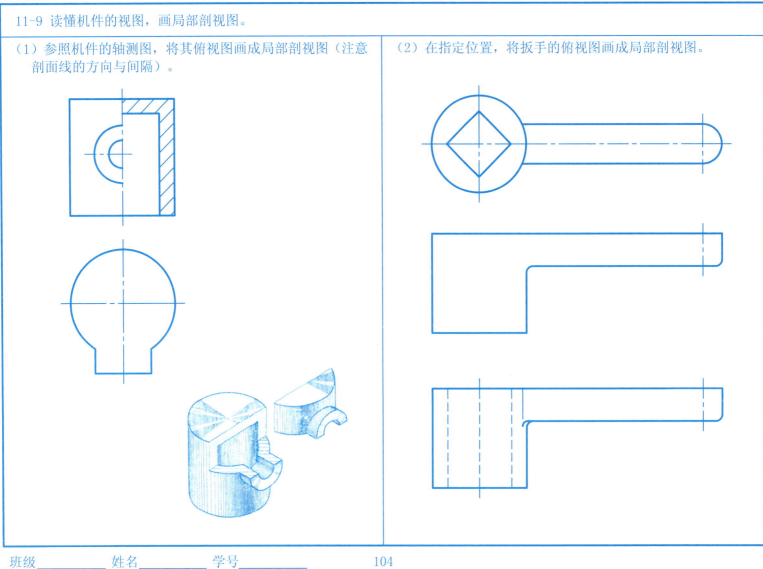

剖视图（六）

11-10 参照机件的轴测图，读懂视图，画出其 $B-B$ 单一剖切面的全剖视图（注意剖面线的方向与间隔）。

剖视图（七）

11-11 读懂机件的视图，画出其 $A-A$ 和 $B-B$ 单一剖切面的全剖视图。

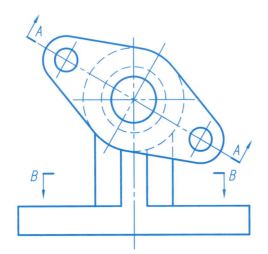

$A-A$

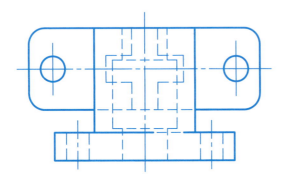

$B-B$

剖视图（八）

11-12 读懂机件的视图，在指定位置画出其主视方向单一剖切面的全剖视图。

(1) (2)

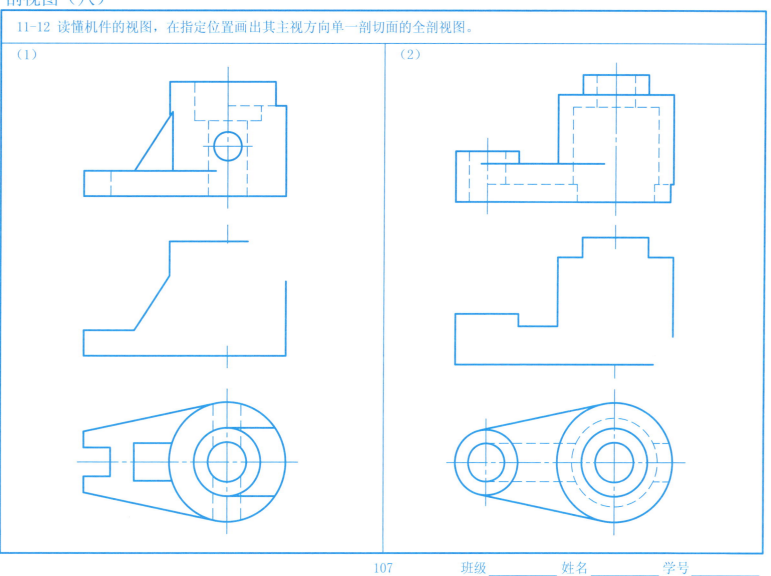

剖视图（九）

11-13 读懂机件的视图，在指定位置画出其主视方向单一剖切面的半剖视图。

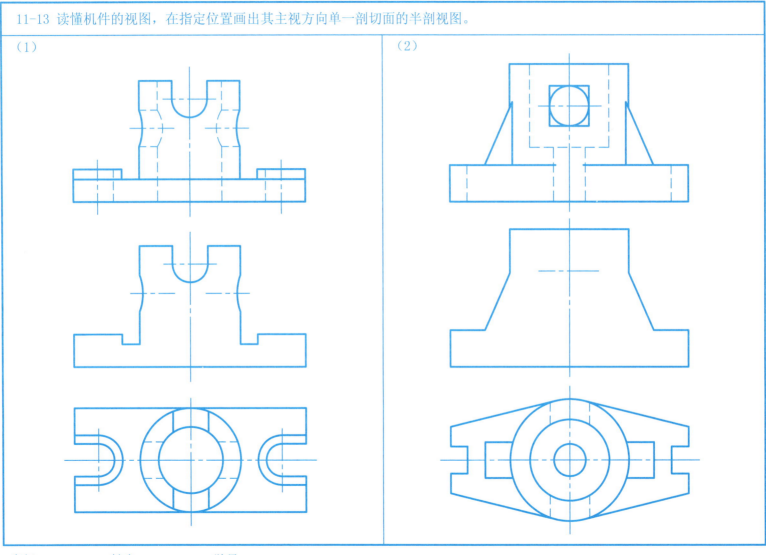

（1） （2）

剖视图（十）

11-14 读懂机件的视图，将其主、俯视图改画成单一剖切面的局部剖视图（多余线打"×"）。

(1)

(2)

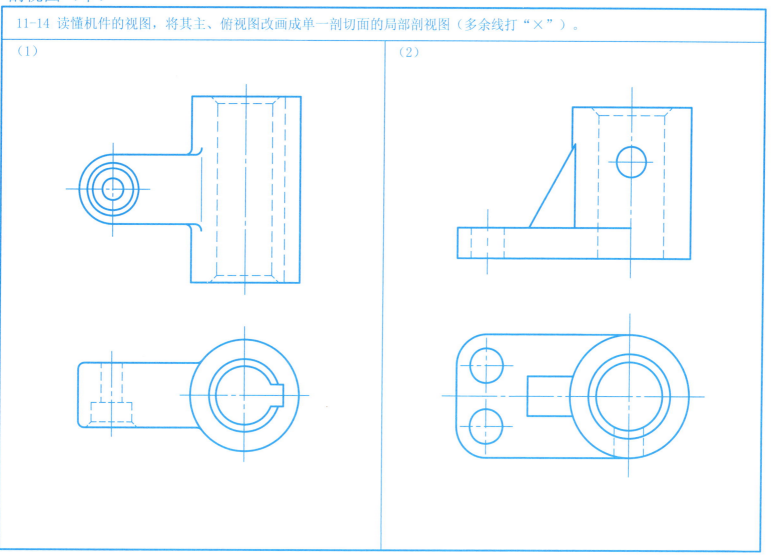

剖视图（十一）

11-15 读懂机件的视图，在指定位置画出其主视方向的全剖视图。

(1) 平行剖切面的全剖视图。

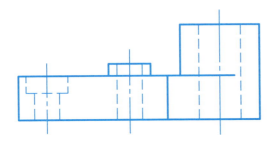

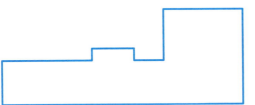

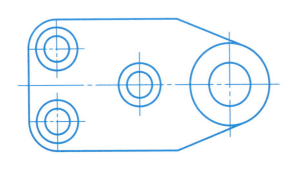

(2) 相交剖切面的全剖视图。

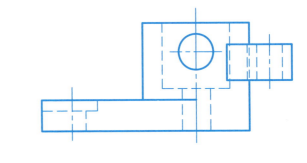

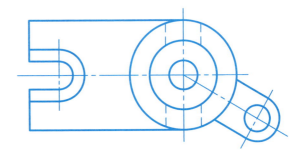

11.3 读读，想想，找找，写写（一）

11-16 已知机件的视图，分析其表示法，说明表示的目的是什么？分析画法中的错误（打"×"）与不妥（画"○"），找出正确的剖视图，哪几种组合是最佳方案？并将图例号写在左下方栏中。

视 图

①最佳方案的组合是：

②错误的画法是：

③不妥的画法是：

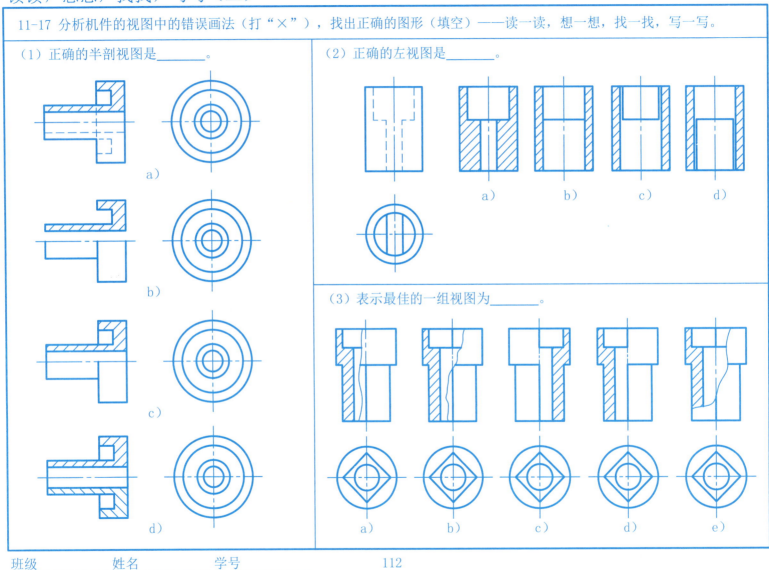

读读，想想，找找，写写（三）

11-18 分析机件的视图中的错误画法（打"×"），找出正确的图形（打"√"）——读一读，想一想，找一找，写一写。

(1) 全剖视图中共有6处画法错误，找出正确的全剖视图。

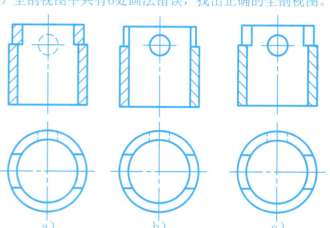

(2) 半剖视图中共有5处画法错误，找出正确的半剖视图。

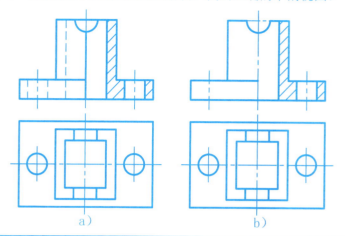

(3) 分析视图，找出正确的剖视图。

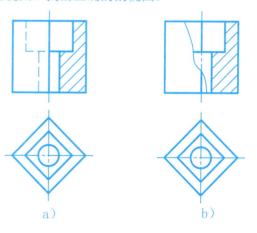

(4) 读一读，写一写：

① 在剖视图中一般情况下不应画出_____线，同一机件的剖面线的方向和间隔应_____。

② 半剖视图的画法是以_____线（此线不可以画成_____线，因为剖切是假想的、不存在的）为界的，一半画外形，其内部的_____不画出；而另一半则画成剖视图，表示了机件的_____结构。

③ 当对称线上有棱线时，不允许采用_____视图，而应画成_____视图。

读读，想想，找找，写写（四）

11-19 分析中的机件视图正确与错误的画法，指出错在何处（打"×"），为什么错？——读一读，想一想，找一找，写一写。

(1) 平行剖切面的全剖视图。

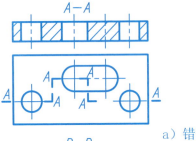
a）错误

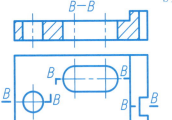
b）错误

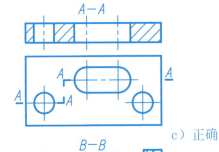
c）正确

(2) 相交剖切面的全剖视图。

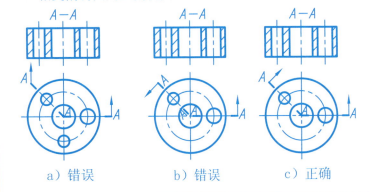

a）错误　　b）错误　　c）正确

(3) 读一读，写一写：

① 采用相互平行的剖切面剖切机件时，在剖切平面的转折处是否画出其分界线？_____。剖切符号的转折处应_____画在一条直线上，且不应与轮廓线_____。

② 采用相交的剖切面剖切机件时，应将倾斜的剖切平面及其剖切到的结构假想地旋转到与投影面_____的位置再进行投影。箭头仅表示_____方向，而不代表_____方向，箭头与剖切符号必须_____。剖切面的相交处，剖切符号也应_____，且写_____个字母。

③ 剖视图中不应切出_____的要素。

11.4 断面图及其他表示法（一）

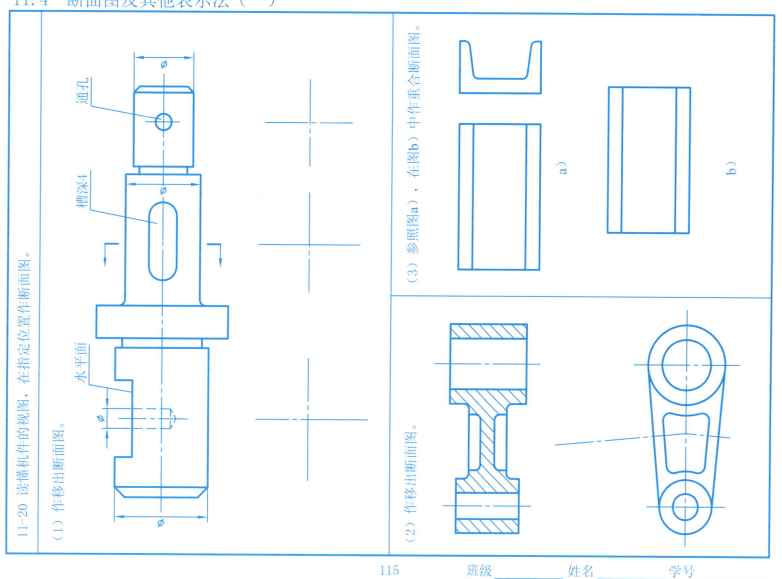

断面图及其他表示法（二）

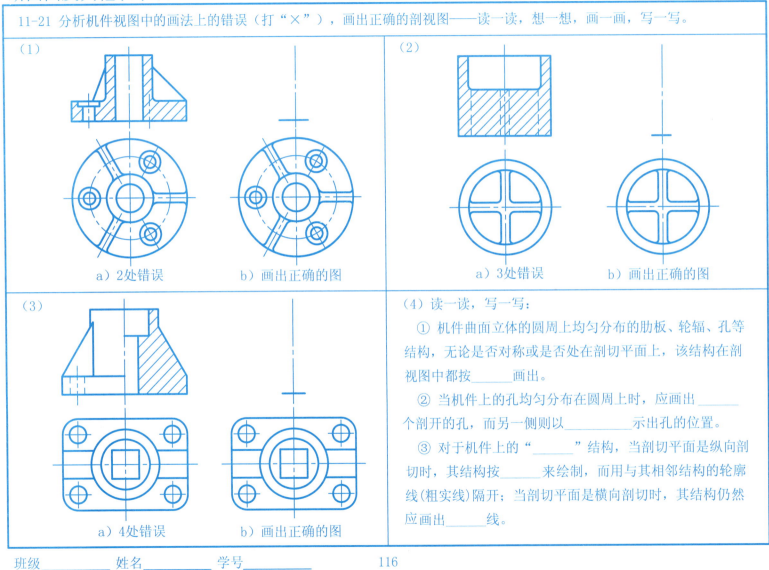

11-21 分析机件视图中的画法上的错误（打"×"），画出正确的剖视图——读一读，想一想，画一画，写一写。

(4) 读一读，写一写：

① 机件曲面立体的圆周上均匀分布的肋板、轮辐、孔等结构，无论是否对称或是否处在剖切平面上，该结构在剖视图中都按_____画出。

② 当机件上的孔均匀分布在圆周上时，应画出_____个剖开的孔，而另一侧则以_____示出孔的位置。

③ 对于机件上的"_____"结构，当剖切平面是纵向剖切时，其结构按_____来绘制，而用与其相邻结构的轮廓线(粗实线)隔开；当剖切平面是横向剖切时，其结构仍然应画出_____线。

11.5 表示法综合应用（一）

11-22 读懂左边机件的主、俯视图，确定最佳表示方案，在右边将机件完整清晰地表示出来。

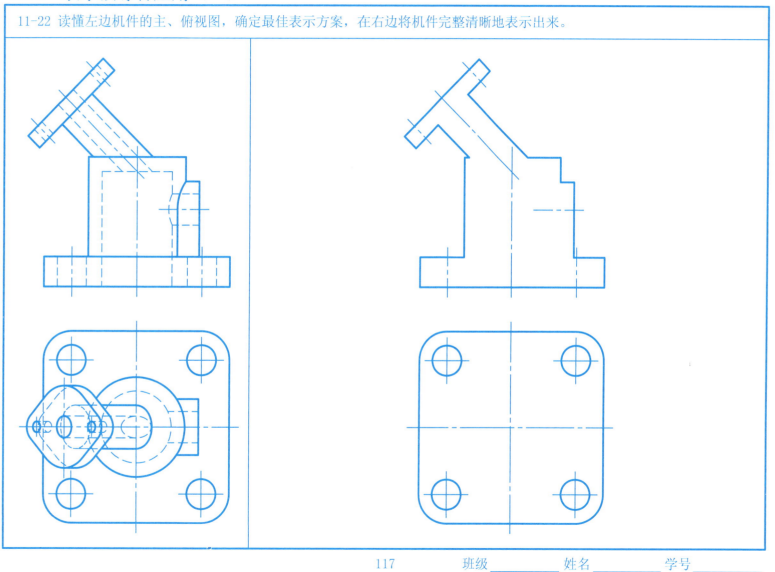

表示法综合应用（二）

11-23 分析机件的表示法，说明表示的目的是什么？哪几种组合是最佳表示方案？读一读，想一想，找一找，写一写。

(1) 机件的轴测图

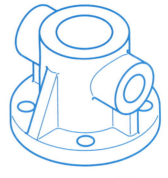

最佳方案的组合是：
_____
_____
_____

(2) 主视图

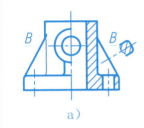 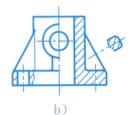  

a)　　　　　b)　　　　　c)　　　　　d)

(3) 左视图

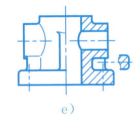 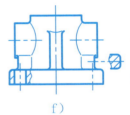 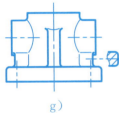 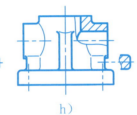

e)　　　　　f)　　　　　g)　　　　　h)

(4) 俯视图

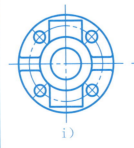     

i)　　　j)　　　k)　　　l)　　　m)　　　n)

表示法综合应用（三）

11-24 读懂机件的轴测图，采用适当的表示法将其完整、清晰地表示出来，并标注尺寸（图幅的大小和画图的比例自定）。

（1）

（2）

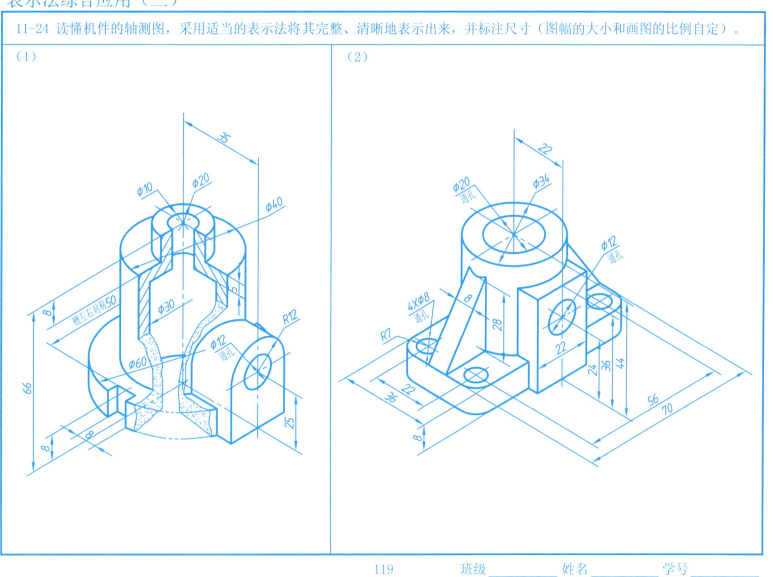

11.6 画轴测剖视图

11-25 在下方空白处画出机件的轴测剖视图；或在A4图幅中，用2:1的比例画出。

（1）根据机件的视图，画出其正等测轴测剖视图（尺寸由图中直接量取）。

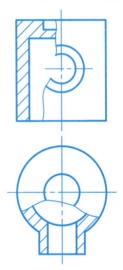

（2）根据机件的三视图，徒手目测画出其正等测轴测剖视图。

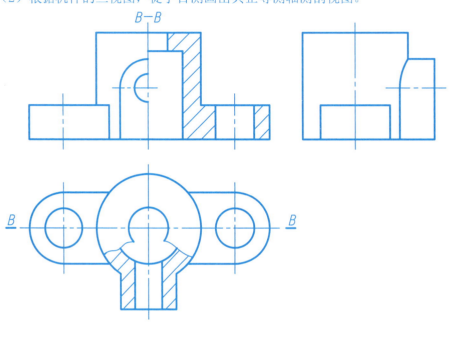

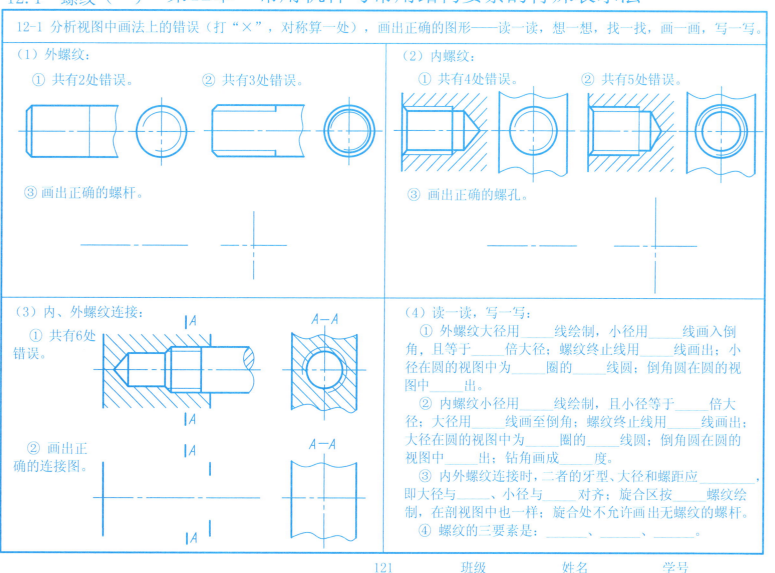

螺纹（二）

12-2 按照螺纹的标记和标注方法，正确标注下列各种螺纹。

(1) 大径为24mm，螺距为3mm，中、顶径的公差带代号分别为5g、6g，短旋合长度的右旋粗牙普通螺纹。

(2) 大径为30mm，螺距为1.5mm，中、顶径的公差带代号为7H的右旋细牙普通螺纹。

(3) 大径为36mm，螺距为6mm，中径公差带代号为8e，中等旋合长度的单线左旋梯形螺纹。

(4) 非螺纹密封的尺寸代号为3/4、A级圆柱管螺纹（右旋）。

(5) 用螺纹密封的尺寸代号为1/2，与圆锥内螺纹旋合的右旋圆锥外螺纹。

(6) 用螺纹密封的尺寸代号为3/4的圆柱管螺纹（左旋）。

12.2 螺纹紧固件（一）

12-3 查标准注出紧固件的尺寸数，并填空。采用(1)、(2)、(4)的紧固件，用比例画法将厚度分别为25mm的两个被连接件紧固。

（1）六角头螺栓：螺纹规格为M20，计算杆的长度后查国家标准取标准长度，标准编号是GB/T 5780－2016。

标记：_____

（2）六角螺母：螺纹规格为M20，标准编号是GB/T 6170－2015。

标记：_____

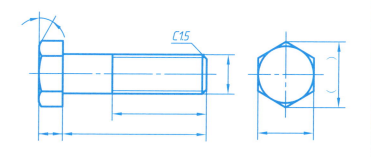

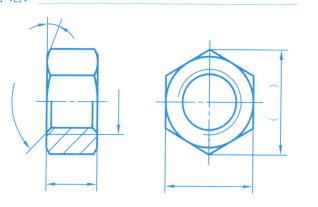

（3）双头螺柱：螺纹规格为M16，公称长度为45mm，标准编号是GB/T 897－1988，被连接件的材料为钢。

标记：_____

（4）平垫圈：公称尺寸为20，标准编号是GB/T 97.2－2002。

标记：_____

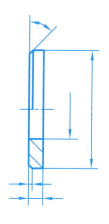

螺纹紧固件（二）

12-4 分析连接图中的错误画法（圆圈处，对称算一处），画出正确的图形——读一读，想一想，找一找，画一画，写一写。

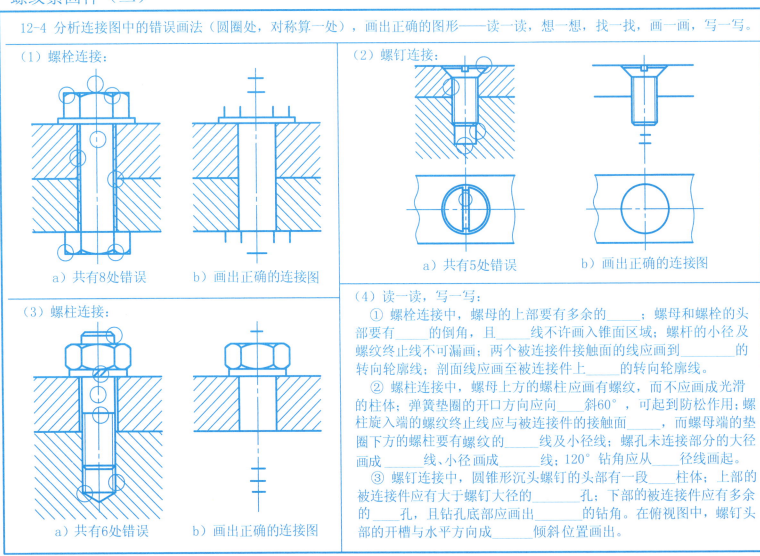

(1) 螺栓连接：
 a) 共有8处错误　　b) 画出正确的连接图

(2) 螺钉连接：
 a) 共有5处错误　　b) 画出正确的连接图

(3) 螺柱连接：
 a) 共有6处错误　　b) 画出正确的连接图

(4) 读一读，写一写：

① 螺栓连接中，螺母的上部要有多余的_____；螺母和螺栓的头部要有_____的倒角，且_____线不许画入锥面区域；螺杆的小径及螺纹终止线不可漏画；两个被连接件接触面的线应画到_____的转向轮廓线；剖面线应画至被连接件上_____的转向轮廓线。

② 螺柱连接中，螺母上方的螺柱应画有螺纹，而不应画成光滑的柱体；弹簧垫圈的开口方向应向_____斜60°，可起到防松作用；螺柱旋入端的螺纹终止线应与被连接件的接触面_____，而螺母端的垫圈下方的螺柱要有螺纹的_____线及小径线；螺孔未连接部分的大径画成_____线、小径画成_____线；120°钻角应从_____径线画起。

③ 螺钉连接中，圆锥形沉头螺钉的头部有一段_____柱体；上部的被连接件应有大于螺钉大径的_____孔；下部的被连接件应有多余的_____孔，且钻孔底部应画出_____的钻角。在俯视图中，螺钉头部的开槽与水平方向成_____倾斜位置画出。

12.3 齿轮（一）

12-5 已知直齿圆柱齿轮的 $m=3$，$z=33$，补全装配图中齿轮轮齿部分的图形，并填空。由装配图按1:1比例画出齿轮的零件图。要求标出全部尺寸，在参数表中仅列出模数、齿数、齿形角。键槽的尺寸查表（键宽度为6mm），其余尺寸从图中量取整数。

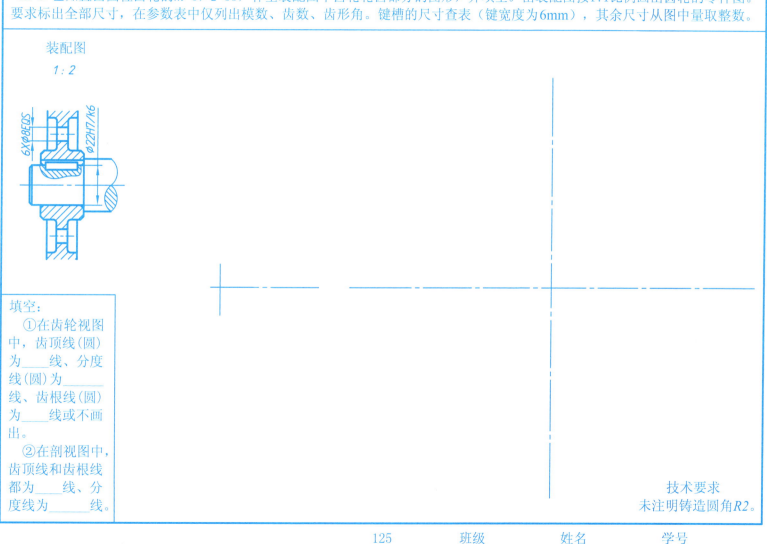

装配图 1:2

填空：
① 在齿轮视图中，齿顶线(圆)为＿＿线、分度线(圆)为＿＿线、齿根线(圆)为＿＿线或不画出。
② 在剖视图中，齿顶线和齿根线都为＿＿线、分度线为＿＿线。

技术要求
未注明铸造圆角R2。

齿轮（二）

12-6 已知两个圆柱齿轮的中心距为54mm，大齿轮的齿数为18，模数为4mm，试列式计算两个齿轮轮齿部分的尺寸，并按1:1的比例完成两个齿轮的啮合图（注：小齿轮为平板式结构）。

（1）大齿轮的尺寸：

$d_{a1}=$

$d_1=$

$d_{f1}=$

（2）小齿轮的尺寸：

$z_2=$

$d_{a2}=$

$d_2=$

$d_{f2}=$

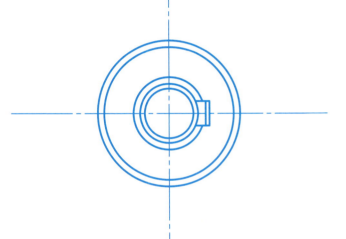

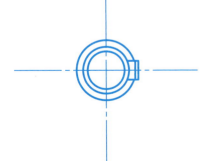

12.4 键及联结

12-7 齿轮和轴用普通A型平键联结，键的宽度为 $b=5$mm，查国家标准确定键和键槽的尺寸，完成下列各图，并标注（1）、（2）题中键槽的尺寸。

（1）轴

（2）齿轮

（3）平键联结齿轮和轴

12.5 销、滚动轴承、弹簧

12-8 齿轮与轴用直径为6mm的圆柱销连接，查国家标准写出销的标记，并画全销连接的全剖视图。	12-9 查国家标准，画出轴承的全剖视图。 （1）滚动轴承 6208 GB/T 276—2013。 （2）滚动轴承 30210 GB/T 297—2015。	12-10 已知圆柱螺旋压缩弹簧的外径为 $\phi 42mm$，总圈数为9.5，支承圈数为2.5，节距为12mm，簧丝直径为6mm，试计算弹簧的自由高度，并画其全剖视图。
标记：_____		弹簧的自由高度： $H_0=$ _____

13.1 图样上的技术要求及标注（一）　第13章　零件图

13-1 分析上方图中表面结构要求标注的错误与不妥，在下方图中按国家标准规定重新标注。

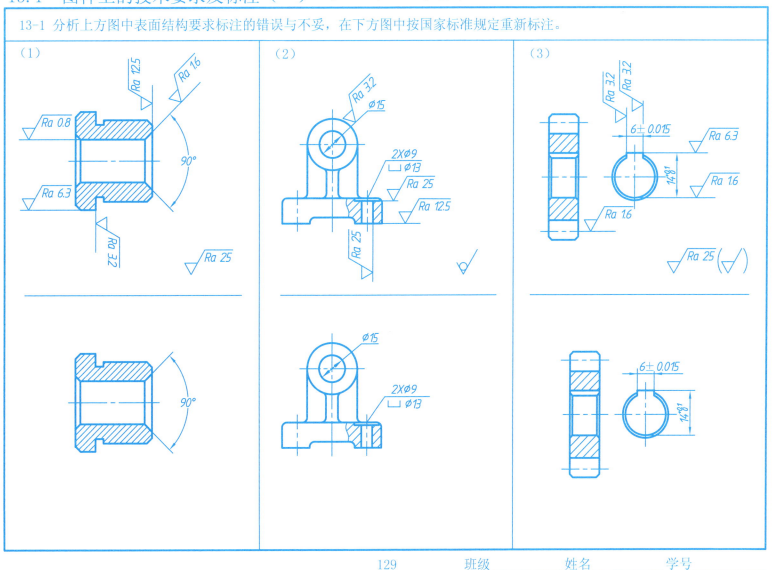

图样上的技术要求及标注（二）

13-2 根据表中所给定的表面结构参数值，在视图中标注其相应的代号。

(1)

滑动轴承座表面	底面	顶面	前后端面	座孔 C	阶梯孔	其余
表面结构参数 Ra	6.3	3.2	6.3	1.6	12.5	不去除材料

(2)

表面	表面结构参数	表面	表面结构参数
⌀48 圆柱面	Ra 12.5, Rz 25	左、右两端面	Ra 25
⌀30 圆柱面	Ra 3.2	全部倒角	Ra 25
⌀25 圆柱面	Ra 0.8	⌀30 右端面	Ra 6.3

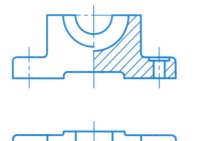

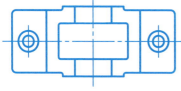
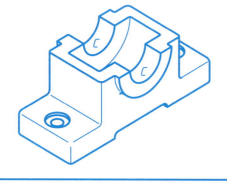
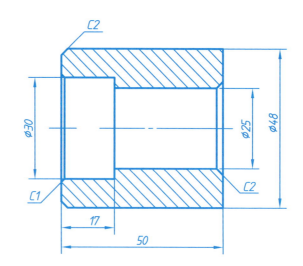

(3) 回答问题：

① 代号 √Ra 6.3 的含义是什么？_____

② 代号 √Ra 50 的含义是什么？_____

图样上的技术要求及标注（三）

13-3 根据题目要求作出正确的极限与配合的标注并填空。

(1) 已知轴与套孔的配合尺寸为 φ13H7/h6，套与箱体孔的配合尺寸 φ25H8/k7，查国家标准，将极限偏差标注在相应的图中。

(3) 根据零件图上给出的尺寸及公差要求查国家标准，在装配图上标注出其相应的配合代号。

(2) 根据已知的尺寸填空。

① 孔的尺寸 $\phi 40_{\ 0}^{-0.039}$ 中：

$\phi 40$ 表示＿＿＿＿＿＿＿，

上极限尺寸是＿＿＿＿＿＿＿，

下极限尺寸是＿＿＿＿＿＿＿，

上极限偏差是＿＿＿＿＿＿＿，

下极限偏差是＿＿＿＿＿＿＿，

公差值是＿＿＿＿＿＿＿，

基本偏差值是＿＿＿＿＿＿＿。

② 轴的尺寸 $\phi 40_{-0.050}^{-0.025}$ 中：

$\phi 40$ 表示＿＿＿＿＿＿＿，

上极限尺寸是＿＿＿＿＿＿＿，

下极限尺寸是＿＿＿＿＿＿＿，

上极限偏差是＿＿＿＿＿＿＿，

下极限偏差是＿＿＿＿＿＿＿，

公差值是＿＿＿＿＿＿＿，

基本偏差值是＿＿＿＿＿＿＿。

③ 孔与轴配合后，属于＿＿＿＿＿配合，是基孔制还是基轴制？＿＿＿＿＿。

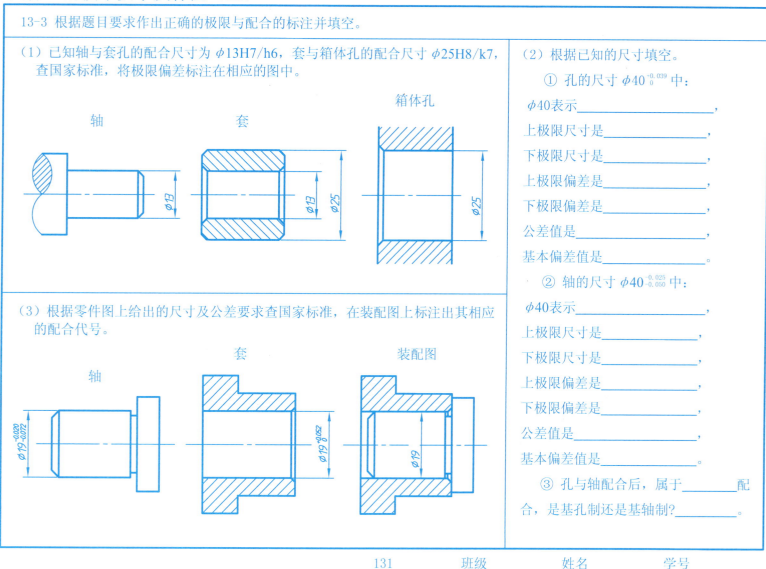

图样上的技术要求及标注（四）

13-4 几何公差的识读与标注。

(1)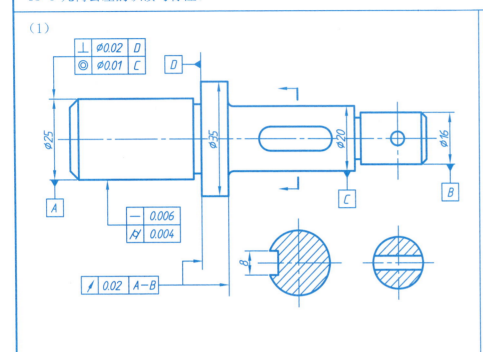

(3) 将下列几何公差要求正确地标注在题（1）图中。

① φ20圆柱面的圆度公差为0.003mm。

② 键槽8的对称面对φ20圆柱体的轴线的对称度公差为0.030mm。

③ φ20圆柱面和φ16圆柱面对φ25圆柱体和φ16圆柱体的公共轴线的径向圆跳动公差为0.015mm。

(2) 根据题(1)图中标注的几何公差，回答以下问题。

① ◎ | φ0.01 | C ：

被测要素是_____，

基准要素是_____，

几何公差的几何特征是_____，

公差值是_____。

② ⌀ | 0.004 ：

被测要素是_____，

几何公差的几何特征是_____，

公差值是_____。

③ — | 0.006 含义：

_____

_____

④ ⊥ | φ0.02 | D 含义：

_____

_____

⑤ ↗ | 0.02 | A-B 含义：

_____

_____

13.2 根据轴测图画零件图（一）

13-5 读一读，想一想，掌握零件图的画图步骤。

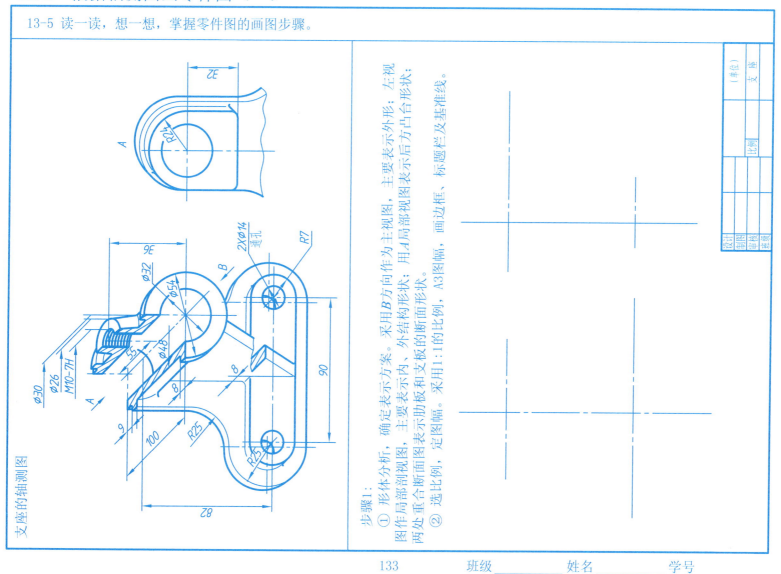

支座的轴测图

步骤1：
① 形体分析，确定表示方案。采用B方向作为主视图，主要表示外形；左视图作局部剖视图，主要表示内、外结构形状；用A局部视图表示后方凸台形状；两处重合断面图表示肋板和支板的断面形状。
② 选比例，定图幅。采用1∶1的比例，A3图幅，画图框、标题栏及基准线。

根据轴测图画零件图（二）

续13-5 读一读，想一想，掌握零件图的画图步骤。

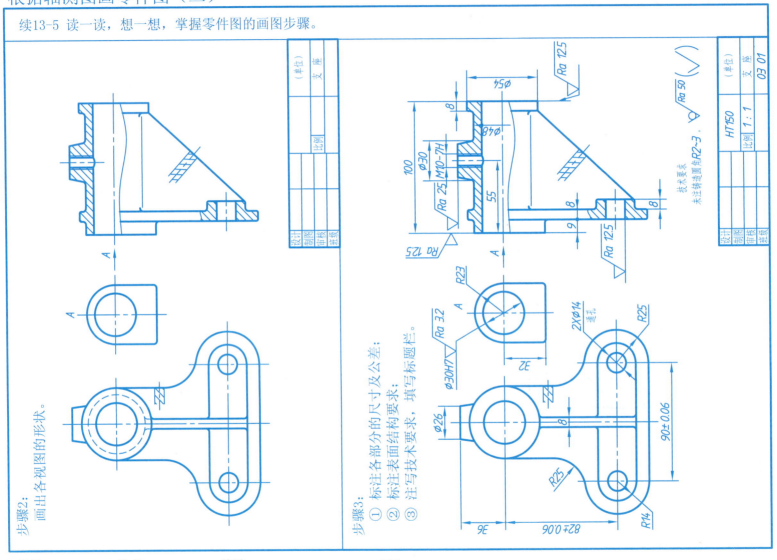

步骤2：画出各视图的形状。

步骤3：
① 标注各部分的尺寸及公差；
② 标注表面结构要求；
③ 注写技术要求，填写标题栏。

根据轴测图画零件图（三）

13-6 根据零件的轴测图，采用适当的表示法将零件完整、清晰地表示出来，完成其零件图（自选图幅和绘图比例）。

（1）零件的名称及材料：
    泵轴，45。

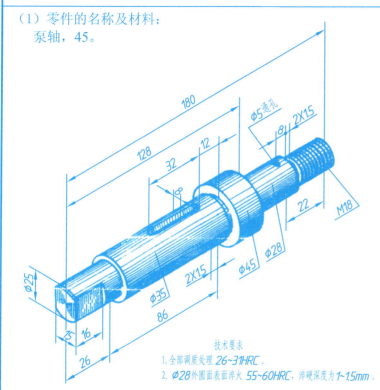

技术要求
1. 全部调质处理 26~31HRC。
2. φ28外圆面表面淬火 55~60HRC，淬硬深度为 1~1.5mm。

将以下说法正确地标注在零件图中：
① 泵轴上的键槽宽、深度尺寸及极限偏差国家从标准中查找。
② 泵轴中键槽两侧面的表面结构参数Ra值为3.2μm，底面的表面结构参数Ra值为6.3μm；φ35k6圆柱面的表面结构参数Ra值为0.8μm，其余表面的表面结构参数Ra值均为25μm。
③ 尺寸 φ35k6查国家标准注出上、下极限偏差。
④ φ35k6圆柱面对 φ28轴线和 φ25轴线的圆跳动公差值为0.04mm。
⑤ 泵轴两端的倒角均为C1.5。

（2）零件的名称及材料： 油泵盖，HT150。

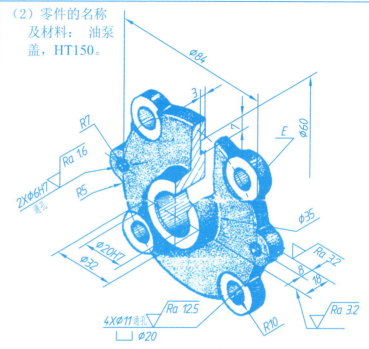

技术要求
1. 铸造不得有裂纹、气孔、砂眼、缩孔等铸造缺陷。
2. 未注明铸造圆角为 R2~3。
3. 加工前必须进行时效处理。

将以下说法正确地标注在零件图中：
① φ20H7圆柱孔两端的倒角均为C1，其表面结构参数Ra值为25μm。
② 油泵盖的E端面对 φ20H7圆柱孔的轴线垂直度公差为0.018mm。
③ E端面的平面度公差为0.015mm。
④ φ20H7圆柱孔的表面结构参数Ra值为1.6μm。
⑤ 油泵盖其余表面是用不去除材料的方法获得。

13.3 读零件图（一）

13-7 读蜗杆轴的零件图，并回答附页的问题。

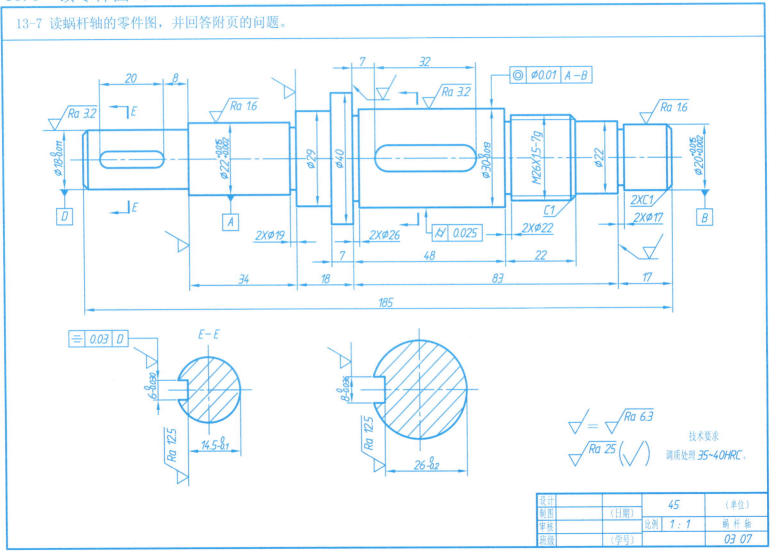

读零件图（一）附页

续13-7 读懂蜗杆轴的零件图，并填空。

① 该零件由_____段直径不同的圆柱体组成，有_____处键槽，其槽宽和槽深分别是_____。

② 该零件的轴向和径向尺寸的主要基准是：轴向_____，径向_____。

③ 蜗杆轴上有_____处倒角结构，其尺寸是_____。

④ 蜗杆轴上有_____处退刀槽结构。其中槽宽都是_____，而槽深自左至右分别是_____。

⑤ 尺寸M26×1.5-7g中：M表示_____代号，26表示_____，1.5表示_____，7表示_____代号，g表示_____代号，7g表示_____代号。该螺纹是粗牙还是细牙？_____，为什么？_____。

⑥ 尺寸 $\phi 20^{+0.015}_{+0.002}$ 中：$\phi 20$ 表示_____，上极限尺寸是_____，下极限尺寸是_____，上极限偏差是_____，下极限偏差是_____，基本偏差值是_____，公差值是_____。

⑦ $\phi 18^{0}_{-0.011}$ 圆柱面和 $\phi 22^{+0.015}_{+0.002}$ 圆柱面的表面结构要求的表面粗糙度参数 Ra 的数值是_____和_____，这说明_____圆柱表面比_____圆柱表面要求更高、更光滑。

⑧ 解释几何公差的含义：| ◎ | ∅0.01 | A-B | _____

| ⌮ | 0.025 | _____

⑨ 在几何公差 | ≡ | 0.03 | D | 中：被测要素是_____，基准要素是_____，几何公差的几何特征是_____，公差值是_____。

137 班级_____ 姓名_____ 学号_____

读零件图（二）

13-8 读轴承盖的零件图，并回答附页的问题。

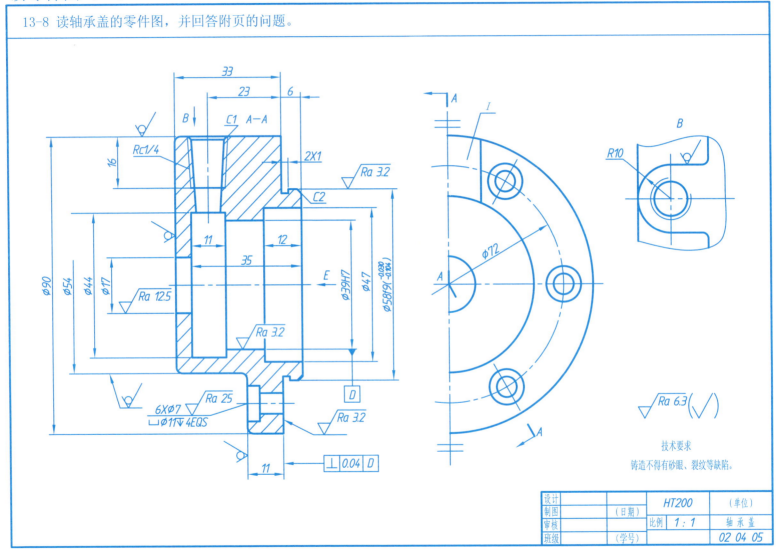

读零件图（二）附页

续13-8 读懂轴承盖的零件图，并填空和作图。

① 分析该零件的表示法：主视图采用的是_____剖切面，画的是_____视图；左视图采用的是_____画法；B叫_____视图。并在指定位置画出E局部视图，尺寸按图形大小直接量取（提示：采用局部视图的特殊画法，仅画1/4）。

E

② 该零件的材料是_____，画图比例是_____。

③ 该零件的轴向尺寸主要基准是_____，
　　　径向尺寸主要基准是_____。

④ 尺寸Rc1/4中：Rc表示用螺纹密封的_____管螺纹，1/4表示_____代号，其数值表示_____直径。

⑤ 尺寸2×1表示_____结构。其中槽宽是_____，槽深是_____。

⑥ 该零件的加工表面中表面结构要求最高的代号是_____，要求最低的代号是_____；右端面的表面结构参数Ra的数值是_____，其单位是_____；图中 I 所指线框的表面结构要求的代号是_____，该表面是用_____的方法加工而成。

⑦ 在尺寸 $\phi 58f9\,(^{-0.030}_{-0.104})$ 中：$\phi 58$表示_____，f表示_____代号，9表示_____代号，f9表示_____代号，上极限尺寸是_____，下极限尺寸是_____，上极限偏差是_____，下极限偏差是_____，基本偏差值是_____，公差值是_____。实际加工尺寸是 $\phi 57.888$ 是否合格？_____。

⑧ 查国家标准知尺寸 $\phi 39H7$ 的公差值是 $25\,\mu m$，则该尺寸的上极限偏差是_____，下极限偏差是_____。写出该尺寸在图样上的另外两种标注形式：_____和_____。

⑨ 解释图中几何公差的含义：_____

⑩ 解释尺寸 $\frac{6\times\phi 7}{\sqcup\phi 11\triangledown 4EQS}$ 的各项含义：6表示_____，$\phi 7$表示_____孔直径，符号 $\sqcup$ 表示_____，$\phi 11$表示_____，符号 $\triangledown$ 表示_____，$\triangledown 4$表示_____，EQS表示_____。

班级_____ 姓名_____ 学号_____

读零件图（三）

13-9 读托架的零件图，并回答附页的问题。

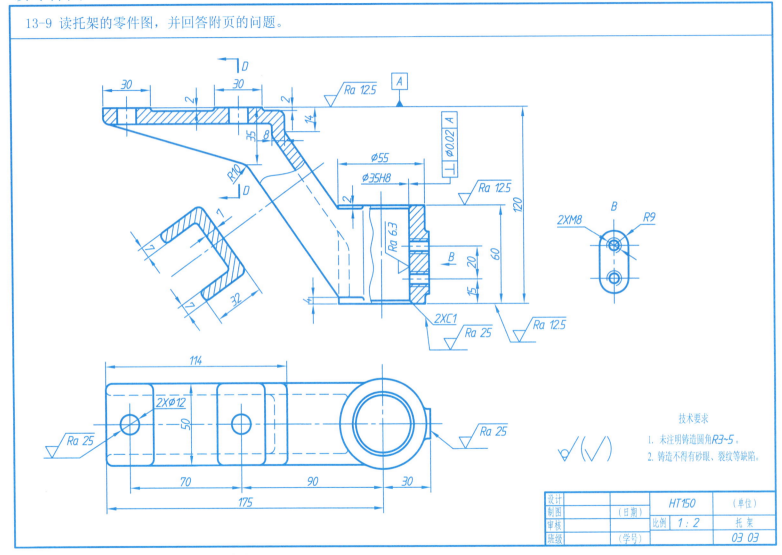

读零件图（三）附页

续13-9 读懂托架的零件图，并填空和作图。

① 分析该零件的表示法：主视图采用的是_____剖切面，画的是_____视图；俯视图采用的是_____视图，主要表示托架的_____和用虚线表示左下方的_____结构，并采用了_____图来表示凹槽的形状；另一个B视图叫_____视图，主要表示托架右方的_____结构。

② 该零件的名称是_____，属于_____类零件；其材料是_____，画图比例是_____。该零件图是采用放大比例还是缩小比例绘制的？_____。

③ 该零件的长、宽、高三个方向尺寸的主要基准是：

长度方向为_____；

宽度方向为_____；

高度方向为_____。

D—D

④ 尺寸2×C1表示_____结构。其中，2表示_____，C表示_____，1表示_____。

⑤ 该零件的加工表面中表面结构要求最高的表面粗糙度参数Ra的数值是_____，其单位是_____；要求最低的表面粗糙度参数Ra的数值是25μm，共有____处。其他表面的表面结构要求是用_____方法获得。

⑥ 在尺寸$\phi 35H8$中：$\phi 35$表示_____，H表示_____代号，8表示_____代号，H8表示_____代号。当把尺寸为$\phi 35k7$的轴装入该孔中时，所形成的配合叫_____配合，采用的是基孔制还是基轴制配合？_____。

⑦ 解释图中几何公差的含义：_____

⑧ 在矩形框内画出$D—D$单一剖切面的全剖视图（尺寸按图形大小直接量取）。

班级_____ 姓名_____ 学号_____

读零件图（四）

13-10 读泵体的零件图，并回答附页的问题。

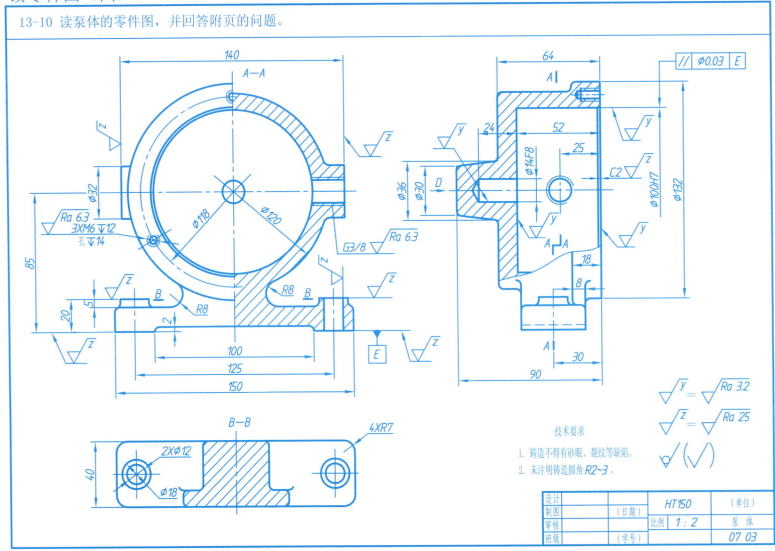

读零件图（四）附页

续13-10 读懂泵体的零件图，并填空。

① 分析该零件的表示法：主视图采用的是_____剖切面，画的是_____剖视图；俯视图采用的是_____剖切面，画的是_____剖视图；左视图采用的是_____剖切面，画的是_____剖视图。其各视图表示的目的是什么？主视图_____，俯视图_____，左视图_____。

② 找出该零件长、宽、高三个方向尺寸的主要基准：
长度方向是_____，宽度方向是_____，高度方向是_____。

③ 尺寸 $\phi 14F8$ 中：$\phi 14$ 表示_____，F表示_____代号，8表示_____代号，F8表示_____代号。查国家标准知该尺寸的公差值是27μm，下极限偏差为+16μm，那么该尺寸的上极限偏差是_____，基本偏差值是_____。该尺寸在零件图上的另外两种标注形式是_____和_____。

④ 尺寸 $G3/8$ 中：G表示_____螺纹，3/8表示_____代号，3/8是指_____直径，其单位是_____。

⑤ 尺寸 $\frac{3 \times M6 \downarrow 12}{孔 \downarrow 14}$ 表示了_____结构。其中3表示_____，M表示_____代号，6表示_____，$\downarrow$12表示_____，$\downarrow$14表示_____。该结构在 $\phi 132$ 圆柱端面上是怎样分布的？_____

⑥ 该零件的加工表面中表面结构要求最高的表面粗糙度Ra的数值是_____，要求最低的表面粗糙度Ra的数值是_____，其单位是_____。

⑦ 解释代号 $\sqrt{}(\sqrt{})$ 的含义：_____

⑧ 解释图中几何公差的含义：_____
_____

⑨ 在指定位置画出D向视图（尺寸按图形大小直接量取）。

班级_____ 姓名_____ 学号_____

读零件图（五）

13-11 读泵体的零件图，并回答附页的问题。

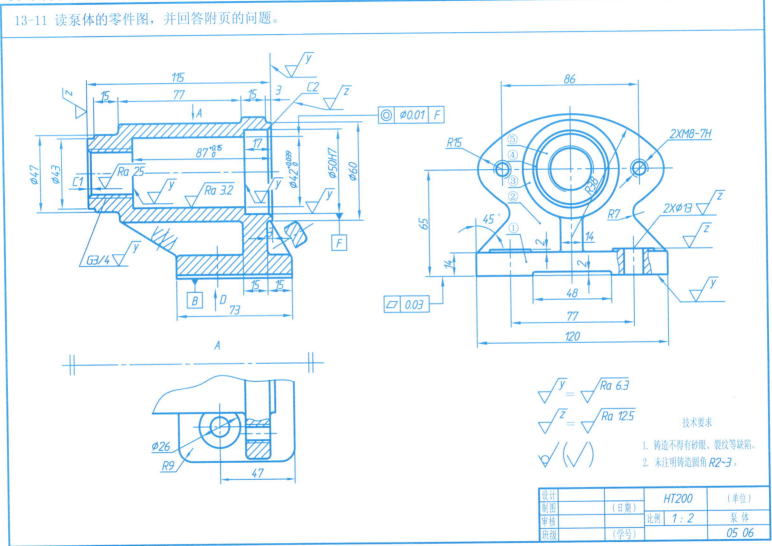

读零件图（五）附页

续13-11 读懂泵体的零件图，并填空和作图。

① 分析该零件的表示法：主视图采用的是_____剖切面，画的是_____视图，其中还采用了_____图和_____图，这两处图形表示了_____结构；左视图主要表示泵体的_____形状和_____的内部结构，该图属于_____剖视图；A视图采用了_____画法，叫_____视图，其上还采用了_____剖视图，该图主要为了表示泵体上_____的结构形状。在指定位置画出D局部视图，尺寸按图形大小直接量取（提示：采用局部视图的特殊画法，仅画1/2）。

② 解释尺寸2×M8-7H的各项含义：2表示_____，M表示_____代号，8表示_____，7表示_____代号，H表示_____代号，7H表示_____代号。

③ 找出该零件的长、宽、高三个方向尺寸的主要基准：

长度方向是_____，宽度方向是_____，高度方向是_____。

④ 该零件的底板上共有_____个螺栓连接孔，其定形尺寸是_____，定位尺寸是_____和_____。

⑤ 尺寸C2表示_____结构。该结构有_____处。其中，C表示_____，2表示_____。

⑥ 该零件的加工表面中表面结构要求最高的表面粗糙度参数Ra的数值是_____，要求最低的表面粗糙度参数Ra的数值是_____，其单位是_____。

⑦ 尺寸$\phi 42^{+0.039}_{0}$中：$\phi 42$表示_____，上极限尺寸是_____，下极限尺寸是_____，上极限偏差是_____，下极限偏差是_____，基本偏差值是_____，公差值是_____。该尺寸与基本偏差代号为f，公差等级代号为7的轴采用基孔制配合，其基准孔的代号是_____。写出该尺寸在装配图中的标注形式_____。

⑧ 尺寸G3/4中：G表示用非螺纹密封的_____管螺纹，3/4表示_____代号。

⑨ 解释图中几何公差的含义：

| ◎ | ⌀0.01 | F | _____

| ⌀ | 0.03 | _____

D

⑩ 图中标有①、②、③、④、⑤各表面的位置，自左到右依次是_____。

班级_____ 姓名_____ 学号_____

第14章 装配图

14.1 画装配图（一）

14-1 根据千斤顶的装配示意图，按1:1的比例画出其设计装配图。

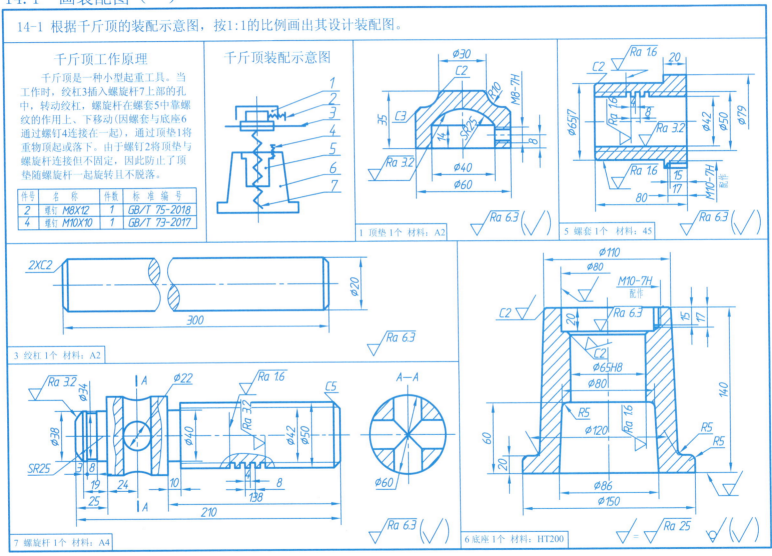

画装配图（二）

14-2 根据手动气阀的装配示意图和零件图，采用2:1的比例画出其设计装配图。

手动气阀的工作原理

手动气阀是汽车上用的一种压缩空气开关，其工作原理如下：

当通过手柄球1和芯杆2将气阀杆6拉到最高位置时（如下图所示），储气筒与工作气缸接通。当气阀杆推到最下位置时，工作气缸与储气筒的通道被关闭，此时工作气缸通过气阀杆中心的孔道与大气接通。气阀杆与阀体4孔是间隙配合，装有O型密封圈5以防止压缩空气泄露。螺母3是固定手动气阀位置用的。

手动气阀的装配示意图

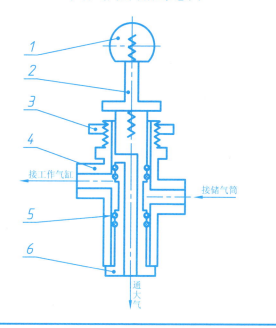

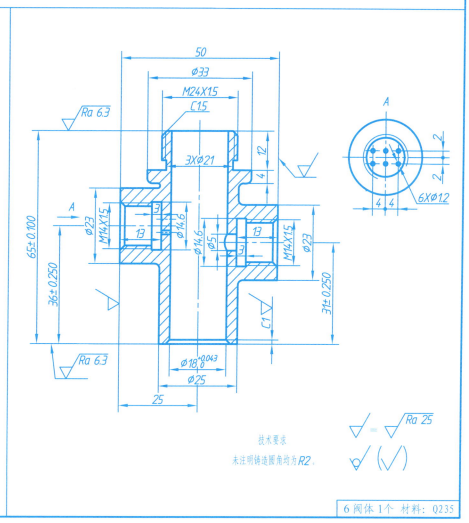

技术要求

未注明铸造圆角均为R2。

6 阀体 1个 材料：Q235

画装配图（三）

续14-2 根据手动气阀的装配示意图和零件图，采用2:1的比例画出其设计装配图。

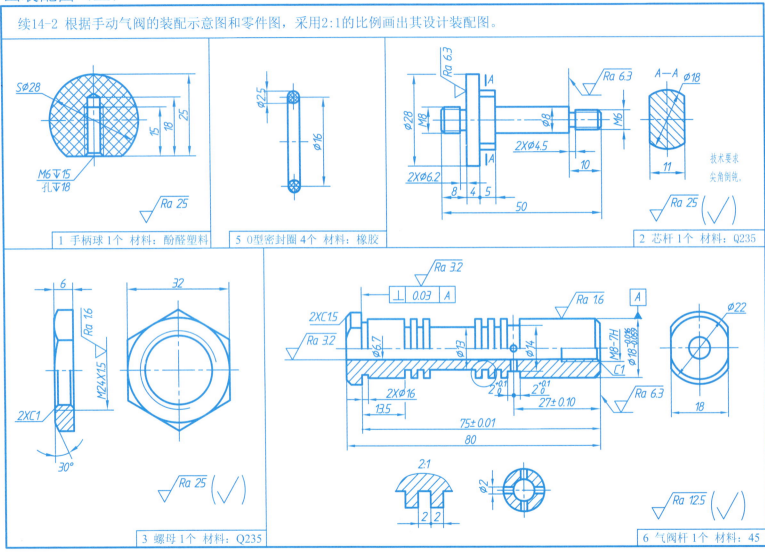

14.2 读装配图,拆画零件图(一)

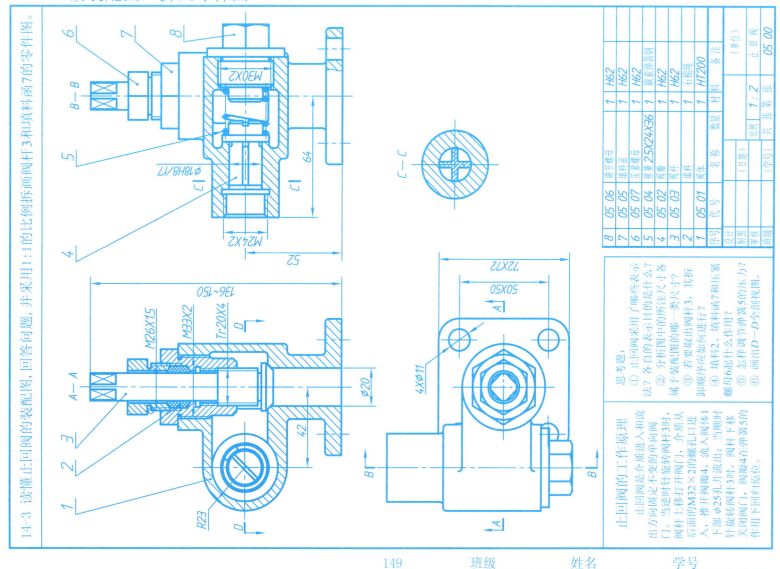

读装配图，拆画零件图（二）

14-4 读懂阀的装配图，回答问题，并采用1:1的比例拆画阀体3的零件图。

阀工作原理

阀安装在管路系统中，用以控制管路"通"与"不通"。当杆1受外力作用向左移动时，钢球4压缩弹簧5，阀门被打开；当去掉外力时，钢球在弹簧力的作用下将阀门关闭。

思考题：

① 图中采用了哪些表示方法？表示的目的是什么？
② 分析图中所注尺寸各属于装配图的哪一类尺寸？
③ 试述件7旋塞的作用。
④ "零件2 B"图属于装配图的什么表示法？为什么要这样表示？

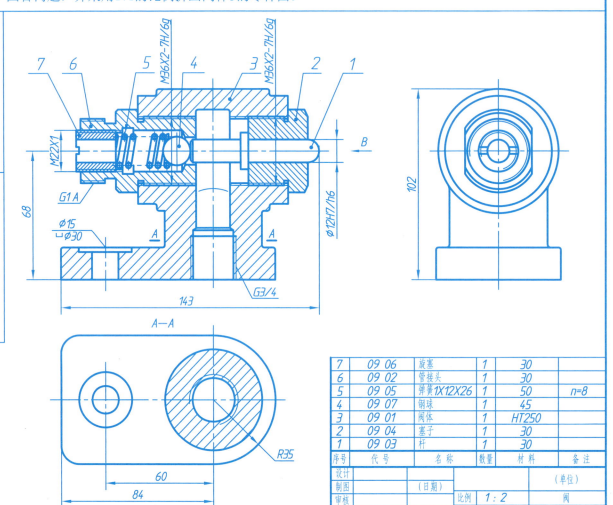

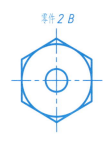

零件2 B